# 虚拟空间设计表现

## MAYA技术基础

VIRTUAL SPACE
DESIGN PERFORMANCE

宋 颖 著

復旦大學出版社

# “虚拟空间设计与表现”课程学生作品选

《梦中糖屋》（张思玮，2018 年春）

《海上部落》（袁渊源，2018 年春）

《致常玉》（邹晗，2018 年春）

《古堡之夜》（陈天阳，2018 年春）

《雪境》（宁晨然，2018 年春）

《林间小屋》（代振兴，2018 年春）

《树屋》（朱晓萱，2018 年秋）

《湖边亭》（张萌萌，2018 年秋）

《龙族》（杜雨佳，2018 年秋）

《末日之战》（蒋沛辰，2018 年秋）

《塔》（郭婉瑶，2018 年秋）

《秋晨》（曹佳颖，2018 年秋）

《城堡》（周玟孜，2018 年秋）

《木马》（项天鸽，2019 年春）

《梦中小屋》（吴孟昀，2019 年春）

《终结》（张鸿懿，2019 年春）

《海底居室》（华佳妮，2019 年秋）

《爱丽丝》（杨芮浦，2020 年春）

《海风》（陈琳，2020 年春）

《时钟》（马子航，2020 年秋）

《大烟囱》（廖予同，2020 年秋）

《旭》（施扬，2021 年春）

《机器人》（杨子贤，2021 年秋）

《机械城》（余忆，2021 年秋）

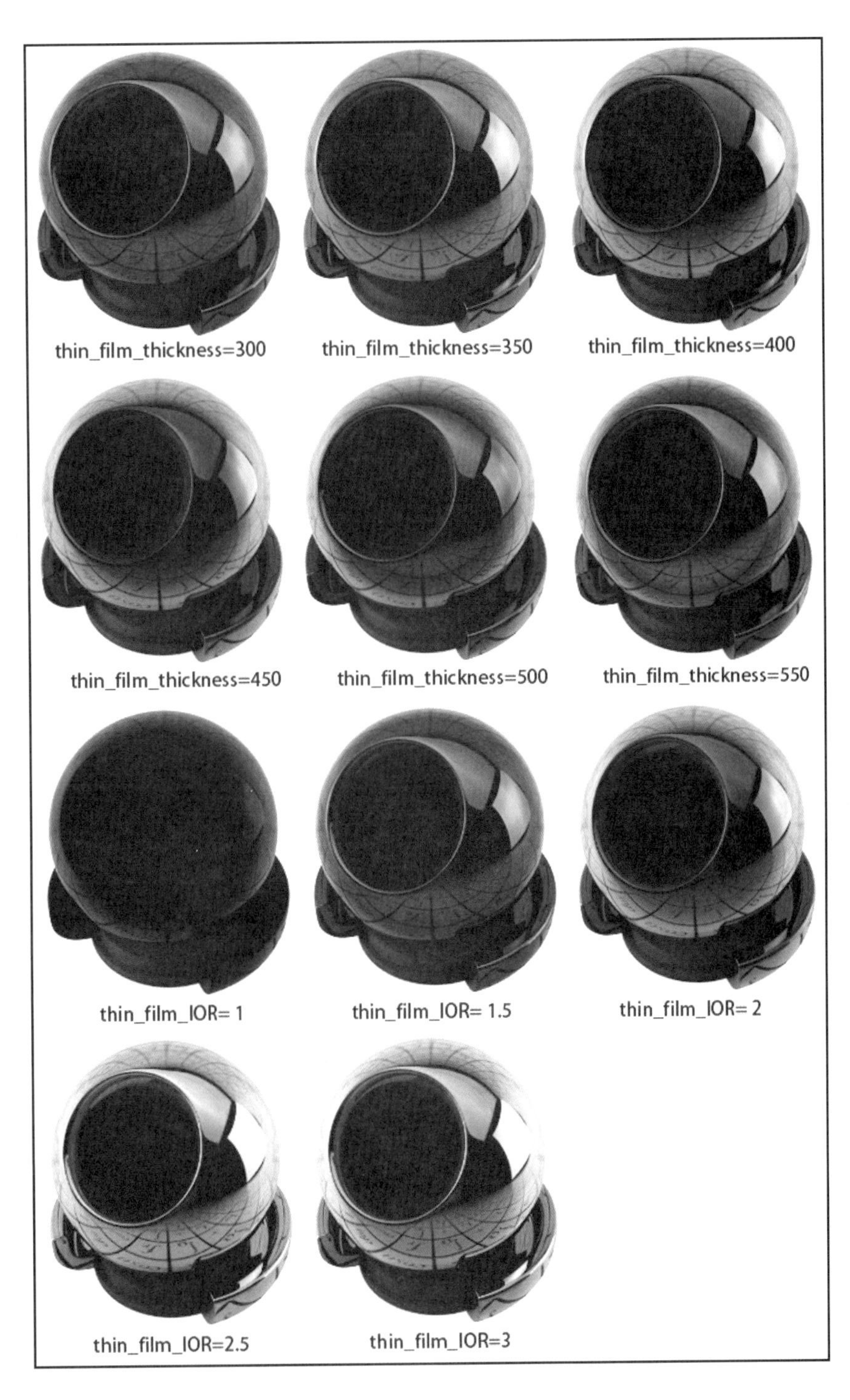
thin_film_thickness=300
thin_film_thickness=350
thin_film_thickness=400
thin_film_thickness=450
thin_film_thickness=500
thin_film_thickness=550
thin_film_IOR= 1
thin_film_IOR= 1.5
thin_film_IOR= 2
thin_film_IOR=2.5
thin_film_IOR=3

彩图 1 薄膜折射率

彩图 2 Mentalray 材质球

Preface

# 前　　言

**1. 写作缘起**

本书的写作缘于本人开设多年的复旦大学混合式教学课程——虚拟空间设计与表现，该课程的教学内容设置具有独特性，课程把空间设计创作和数字艺术表现融合在一起，力求体现数字艺术的技术与艺术的交融性，展现虚拟空间表现艺术的独特魅力，课程有助于提升学生的数字艺术鉴赏力和创作能力，以及了解 MAYA 软件的基础功能和技术。

在当今日新月异的数字化时代，出现了很多前所未见的新兴领域，更多的传统领域正在拥抱互联网和数字化，越来越多的行业与细分领域正面临着数字化改造和更新，数字艺术具有广阔的发展和应用前景。在综合性大学开设数字艺术的实践类课程，对于学生的未来事业发展和职业技能储备，具有非常重要的意义，而且，关于数字艺术作品的审美与鉴赏也会因此而加强和普及。涓涓细流，汇成大海；点点星光，点亮银河。希望本书的出版能带动更多国内综合性大学开设类似课程，从而推动中国数字艺术的发展。

**2. 开课心得**

“虚拟空间设计与表现”正式开课是从 2018 年春季学期开始的，因为是复旦大学的通识美育模块课程，选课学生来自复旦大学各个专业，理工科学生占据多数，大部分学生为完成作品会占据大量课外时间。他们在学期最后一节课上通过 PPT 汇报作品，同时和班里同学分享创作与制作过程中的痛苦和喜悦。

博伊斯曾提出“人人都是艺术家”，确实，每一个爱思考、具有自由思想的个体都有成为艺术家的可能，艺术创作的过程就如同上帝创造世界般令人着迷。乔斯坦·贾德在《苏菲的世界》中写道：“艺术家创造自己的世界，就像上帝创造这个世界一般。”传统架上绘画的创作受制于技法的长期训练和积累，但对于网络时代成长的年轻一代而言，数字艺术相对在技术上容易入门，数字艺术就是他们的时代标签，几乎每个人都是在数字艺术的浸泡中成长的。短视频类网站的备受追捧表明每个人心中都有艺术表现欲望，希望通过视频作品获得更多人的认可和关注，同时获得成就感和存在感。

通过课程作品创作，很多学生在本课程的实践过程中体悟到了艺术的本质和创作的愉悦，这不同于审美理论研究和经典案例分析。对于校内的部分专业领域学生而言，这种数字艺术的创作体验会对其今后的职业生涯产生一定的影响，就如乔布斯曾坦承当年念大学时上过“英文书法”课程，当时他选修这门课纯粹因为个人喜欢，但这门课后来直接影响了苹果计算机的设计，让“比例、间距、字体”成为Macintosh计算机的特色。“若我当年没有上这堂课，我敢说，个人计算机就不会有这么漂亮的字体。”乔布斯在斯坦福大学致词时分享了自己的这段经历并告诉毕业生们：“你无法预测过去的经验会怎么连起来，只有在回顾的时候，这些连接才会明朗，所以，你必须相信它们会连起来……这个信念从来不曾令我失望，也对我一生有关键的影响。”

3. 本书内容

对于其他应用性数字艺术领域而言，虚拟空间设计与表现是一门基础性技术，可以应用于游戏场景设计领域、影视特效场景制作领域、建筑和空间设计表现领域、虚拟现实场景制作领域等，但对于纯艺术领域，虚拟空间设计与表现就是一个独立的艺术主题或门类，是数字艺术的重要组成部分，其自身的形式和内容足以构建完整而有深度的意义，它比艺术摄影更具有表现深度和广度。

本书内容适合MAYA软件爱好者和初学者，虚拟空间设计相关领域从业者和相关专业学生。MAYA软件内容博大精深，本人的MAYA研究和使用始于2001年的MAYA4.0，年复一年，经历了MAYA的每一次版本升级，尽管已经涉猎其所有模块，但感觉离融会贯通还是相差甚远。本书内容仅是MAYA基本模块（建模、材质、灯光、渲染）的基本知识讲解，仅满足虚拟空间场景的CG（Computer Graphics）制作需要，在知识点的全面性和深度上会有所不足，但力求和读者分享本人有限的心得和粗浅的思考。囿于本人才识，若有差错，祈各位不吝赐教。

Contents

# 目　　录

# 第一章

# MAYA 概述

## 第一节 MAYA 发展史

1983 年，史蒂芬·宾得汉姆(Stephen Bindham)、奈杰尔·麦格拉斯(Nigel McGrath)、苏珊·麦肯娜(Susan McKenna)和大卫·斯普林格(David Springer)在加拿大多伦多创办了一家公司，主要业务是研发影视后期特效软件。由于该公司推出的第一个商业软件是有关 anti_alias 的，所以，公司和软件都叫 Alias，该公司早期以 Power Animator、Power Model 和 Alias Studio 软件闻名于世，Alias Studio 如今还是工业设计软件中的标杆，其 Nubes 建模技术是最好的。如今，Alias Auto Studio 软件已经成为汽车、游艇、私人飞机设计和造型的工业标准，几乎被所有的汽车生产厂商应用，其构建的最高级别质量的曲面被称为 A 级(Class-A)曲面，被作为汽车造型设计阶段的最终输出。汽车公司造型设计部门或独立设计公司都会有专门的曲面造型部门，被称为数字模型师，他们依赖 Alias 软件构建曲面、检查质量和管理数据。

1984 年，马克·希尔韦斯特(Mark Sylvester)、拉里·巴利斯(Larry Barels)和比尔·考维斯(Bill Kovacs)在美国加利福尼亚成立了一家名为 Wavefront 的数字图形公司，1993 年，该公司收购了 Thomson Digital Image(TDI)公司，整合了 TDI 的部分技术。其后该公司又被 Alias 公司收购，组成了实力强大的 Alias Wavefront(A/W)公司。

1995 年，正在与微软进行激烈市场竞争的软件开发公司 Silicon Graphics Incorporated(SGI)在得知微软已经收购 Softimage 后，迫于竞争压力，收购了 Alias Wavefront 公司。SGI 公司在计算机行业虽然不如 IBM、微软出名，但其产品和技术在计算机图形学和高性能计算机领域有着无与伦比的地位。SGI 公司早期便致力于图形卡的研究和制造，后来便生产自己的图形工作站产品，OpenGL 标准便是 SGI 公司提出的。

1998 年，经过多年研发的三维软件 MAYA 终于面世，MAYA 是三个软件的结晶，这三个软件分别是 Wavefront 公司的 The Advanced Visualizer、TDI 公司的 Explore 和 Alias 公司的 Power Animator。当时是用它们的源代码合作开发了一个苹果系统上的软件 Alias Sketch，然后移植到 SGI 平台，并增加了很多新功能。第一个用 MAYA 做的动画场景就是迪斯尼动画《阿拉丁》中的"岩嘴"。

同时,Alias Wavefront 公司停止开发以前的所有动画软件,包括曾经在《阿甘正传》《生死时速》《星际迷航》和《真实的谎言》等影片中大显身手的 Alias Power Animator,其目的就是促使用户去购买 MAYA。随着顶级的影视特效公司(如工业光魔工作室)把动画软件从 Softimage 换成 MAYA,Alias Wavefront 公司成功地扩展了产品线,MAYA 取得了巨大的市场份额,业内人士普遍认为 MAYA 在角色动画、毛发系统、流体系统、动力学系统和粒子特效方面都处于业界领先水平,这使得 MAYA 在影视特效行业中成为普遍接受的工业标准。在 20 世纪 90 年代中期,好莱坞电影最流行的生产线还是以下几个软件的组合:建模是 Alias Studio,动画是 Softimage,渲染用 Renderman,用这个组合完成了《侏罗纪公园》《终结者 2》等电影的制作。但到了 1999 年,由于工业光魔工作室使用 MAYA 软件参与制作的《星战前传:幽灵的威胁》《木乃伊》等影片轰动全球,MAYA 一夜之间风靡整个影视制作领域。

2000 年,Alias Wavefront 公司推出 Universal Rendering,使各种平台的机器都可以使用 MAYA 的渲染。同时开始研发将 MAYA 移植到 Mac OSX 和 Linux 平台,2001 年,发布了 MAYA 在 Mac OSX 和 Linux 平台上的版本。这时 MAYA 已经在多个领域获得成功应用,例如,史克威尔公司(Square)用 MAYA 软件作为唯一的三维制作软件创作了全三维电影《最终幻想》;著名的维塔工作室(Weta Digital)采用 MAYA 软件完成了电影《指环王》第一部;任天堂公司用 MAYA 软件制作了 Game Cube 游戏机平台(Nintendo Game Cube, NGC)下的游戏《星球大战:流浪小队 2》。当时大量的著名电影都是以 MAYA 软件为主创软件,如《星球大战》系列、《黑客帝国》系列、《蜘蛛侠》系列、《指环王》系列,《哈利波特》系列、《冰河世纪》系列、《海底总动员》、《汽车总动员》、《机器人总动员》等。鉴于 MAYA 软件对电影行业作出的巨大贡献,2003 年,美国电影艺术与科学学院奖评委员会授予 Alias Wavefront 公司奥斯卡科学与技术发展成就奖。同年,Alias Wavefront 公司正式将商标名称改为 Alias。

2005 年,Alias 被濒临破产的 SGI 公司卖给了安大略湖教师养老金基金会和一个私人风险投资公司 Accel-KKR。短短几个月后,Alias 再次被卖,这次的买主是欧特克公司(Autodesk),Autodesk 花了 1.82 亿美元全资收购了 Alias。2006 年 1 月 10 日,Alias MAYA 正式变成了 Autodesk MAYA,加入世界第四大软件公司欧特克后,MAYA 的研发资金问题彻底获得解决,陆续推出系列更新版本,软件版本的更新使工作效率和工作流程得到很大的提升和优化,获得了更多的用户和支持。对于欧特克公司而言,该收购也是合算的买卖,由此占据了高端三维动画软件领域和高端工业设计软件领域。

欧特克公司是一家实力雄厚的老牌设计及视觉软件厂家,1982 年,该公司就推出 AutoCAD 软件,几十年来该软件是国内建筑和室内设计制图的标配。同时,该公司还拥有很强大的影视特效及后期编辑软件体系,例如,运行于 Mac 系统的 Smoke 不仅是剪辑软件,还可以完成 3D 特效制作;Inferno 是业界领先的在线视觉效果制作系统;Flame 是用于高速合成、交互设计的终极视觉特效制作系统；Discreet Flint 软件是强大且有成本效益的交互式视觉效果设计和运动图形制作系统，广泛应用于影视后期制作和广播机构；Autodesk Lustre 是调色配光和色彩管理软件。

1990 年，欧特克公司成立多媒体部，推出世界上首个三维动画软件——DOS 版本的 3D Studio。90 年代，随着计算机硬件性能的提升和微软操作系统的完善，基于工作站的大型三维软件 Softimage、Lightwave、Wavefront 等在电影特效领域的成功迫使 3D Studio 迎头赶上。但 DOS 系统的 3D Studio 转向 Windows 系统很艰难，3D Studio MAX 的开发几乎从零开始。1996 年 4 月，Windows 系统的 3D Studio MAX 1.0 版诞生，随后很快进入中国并被汉化，迅速在建筑和室内设计效果图及建筑动画领域成为绝对的龙头。至今，3D Studio MAX 软件主要应用于建筑和空间设计表现领域，而 MAYA 软件则主攻高端游戏、影视特效和动画领域。

MAYA 软件从 1998 年的 1.0 版开始，基本每年都会更新版本，直至 2006 年的 MAYA8.0。正式进入中国市场的是 2001 年 6 月发行的 4.0 版本，2002 年 7 月发布 4.5 版，2003 年 5 月发布 5.0 版。以前有免费的 MAYA Personal Learning Edition (PLE)版本，但不能用于商业用途，如使用某些核心关键功能，会跳出巨大的对话框提醒，制成品会有 LOGO 水印等。PLE 版本如今在官网有学生版提供。

## 第二节　MAYA 基本设置

MAYA 的基本设置可以分为界面上和功能上的。在菜单“窗口—UI 元素”下，状态行、工具架、时间滑块、范围滑块、命令行、帮助行、工具箱都可以勾选或取消，如果不是做动画，就可以取消时间滑块、范围滑块、命令行，让有效显示界面最大化。功能主要是在“设置/首选项”中设置，其中主要关注首选项、工具架编辑器和插件管理器。在首选项编辑器中可以对一些软件的基本设置进行修改；在工具架编辑器中可以对软件工具架上的快捷图标进行增减，使之符合自己的操作习惯；在插件管理器，可以关闭一些自己使用不到的插件启动设置，如果发现渲染设置中没有出现 Arnold 渲染器，可以在这里打开插件(见图 1－1、图 1－2)。

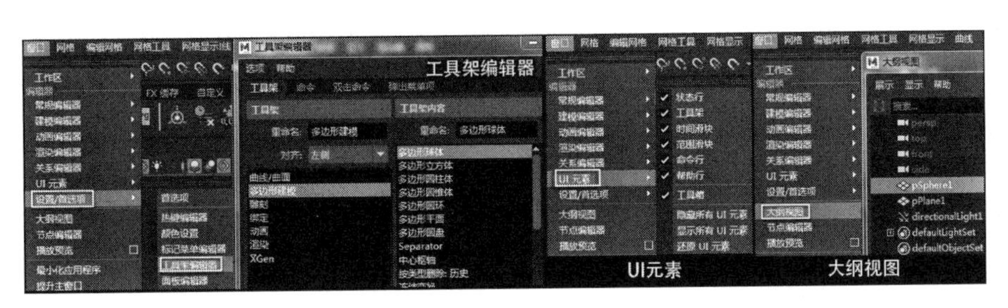


图 1－1

图 1－2

MAYA 的工具架上排列出绝大部分的 MAYA 常用命令，每个可以收放的选项卡包含常用的快捷命令图标，只要点击图标，就能快速执行对应的命令。如果把光标放在某选中多边形物体上并点击右键，就会出现浮动菜单，可以选择“点、线、面”进行进一步操作。如果按空格键，则会出现完整的浮动菜单命令，里面包括全部操作命令，满足了部分人的操作习惯（见图 1－3）。

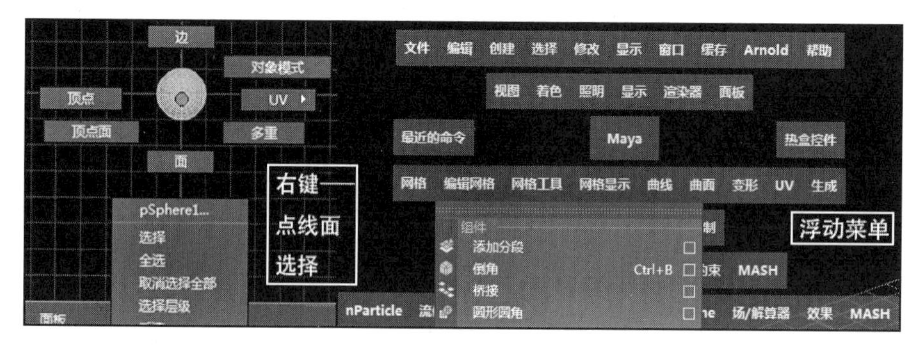


图 1－3

MAYA 的应用功能主要分为建模材质、角色动画、粒子特效和动力学四部分。软件的菜单模块分为建模、绑定、动画、FX 和渲染，在软件界面的最左上角，选择其中的一个模块，便会显示菜单命令。因为软件菜单栏容纳不下所有的命令，所以只能分模块显示。建模材质功能模块是一个重要的、常用的模块（也是本书的主要内容），包含建模、材质、灯光、渲染四个流程，可以用来制作二维场景图像，也是影视和游戏场景的基本应用；角色动画功能模块包含骨骼绑定、蒙皮、肌肉、毛发、关键帧等部分；粒子特效功能模块包含风、云、雨、雪、水、火等自然景观的模拟，以及众多数量物体的运动特效；动力学功能模块包括刚体碰撞、软体和布料模拟等。在开始制作作品前，首先要设定好作品的存储路径，这样才能让与作品文件相关的文件夹存放在合适的位置，有利于查阅和拷贝转移（见图 1－4）。

图 1-4

## 第三节　MAYA 操作界面

MAYA 软件操作界面的面板布局分为透视窗口、四窗口和两窗口并列三种，可以点击界面最右边的按钮获得。四窗口的横竖分界线可以用鼠标移动位置，可以根据操作需要，把透视窗口或平面窗口或立面窗口拉大或缩小。

MAYA 的操作命令可以通过三种方式实现，分别是下拉菜单、工具架图标、浮动菜单，还有部分常用命令可以通过快捷键获得。MAYA 的下拉菜单包含所有的功能命令，在每个命令后还会附上快捷键（只有常用命令才会配置快捷键）和属性编辑按钮（右端白色小框）。MAYA 的工具架以可视化图标提供了有效率的操作，用户还可以根据自己的操作习惯，在工具架编辑器上编辑属性或增加命令图标。在 MAYA 软件的右上方角落，有工作区排列模式的选择，可以根据自己的喜好设定相关的栏目，一般设为“经典”，在右上方排列五个图标，第一、三、五个图标分别为建模工具包、属性编辑器、通道盒，分别在下方展开对应的操作菜单（见图 1-5）。

在四个显示框内都可以选择不同的显示模式，分别为线框、有线实体、实体显示模式，其中，实体又分为默认材质实体和赋予材质的实体，需要显示有纹理实体时使用实体显示模式。如果需要场景中的物体以半透明的形式显示，还可以点击“X 射线显示”图标，方便查看叠加物体之间的相互关系。如果需要查看灯光和阴影效果，则点击“使用灯光”按钮，选择“阴影”“环境光遮挡”和“抗锯齿”，光影效果就会在预览窗口显示（见图 1-6）。

图 1－5

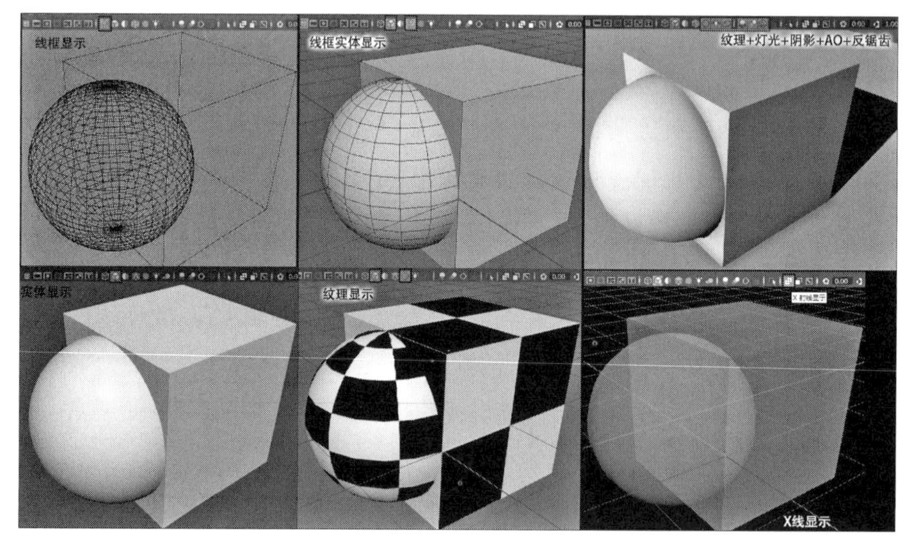


图 1－6

在显示窗口的“渲染器”下有 viewport2.0 和 Arnold 两个选项，代表两种显示模式：viewport2.0 显示模式是 MAYA 自带的硬件渲染显示模式；Arnold 显示模式则等同于

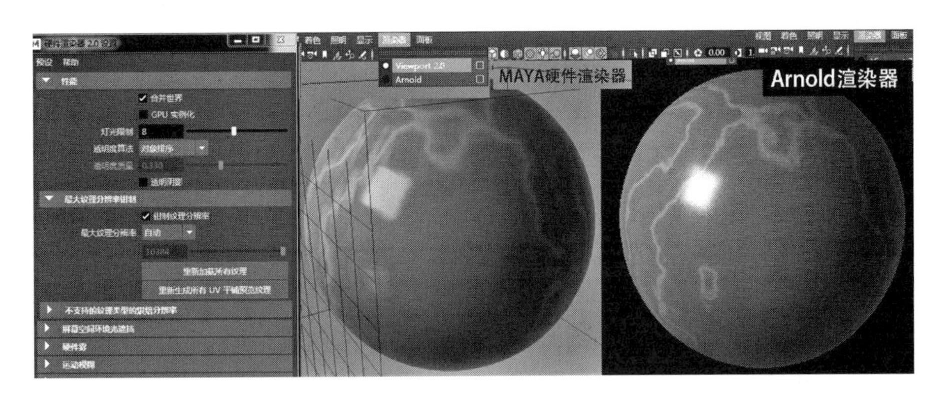


图 1－7

Arnold 的渲染效果，显示效果真实，这种模式对电脑硬件的要求较高。在“硬件渲染器 2.0 设置”中，有众多参数可设置以调整窗口渲染效果(见图 1－7)。

在显示窗口有一系列的摄像机相关设置按钮，对应窗口中“视图”栏目下的“摄影机设置”里的各个命令，其中的“分辨率门”命令下显示出的边界就是最终渲染的实际边界，“分辨率门”命令在窗口顶端有对应的快捷按钮。摄影机设置下的“填充”选项可以让透视窗口饱满显示，基本接近最终渲染出图的范围显示(见图 1－8)。

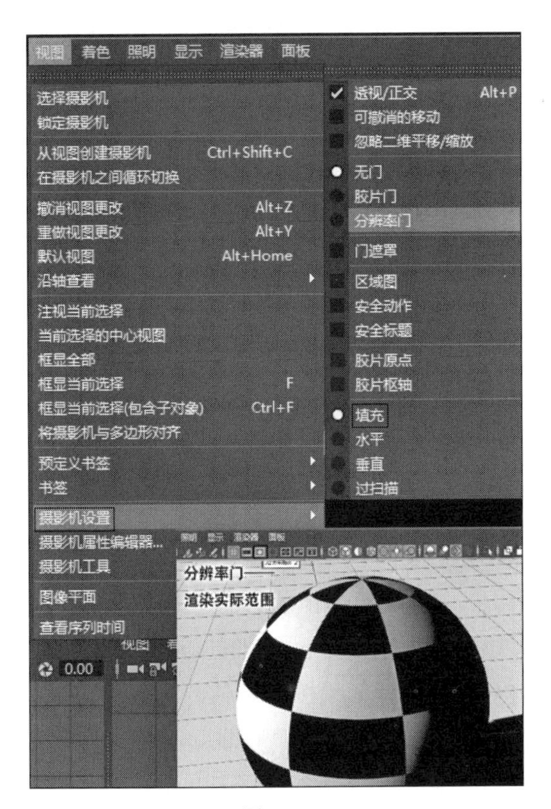


图 1－8

透视窗口的摄像机为软件默认的摄像机，可以点击窗口上端的按钮显示编辑属性栏，也可以点击大纲视图中排在首位的透视摄像机。在界面右边的属性编辑栏中，有几个关键参数需要设定，首先是摄像机视角，默认为 54，建议设置为 60—70，可以获得较为宽广的视角，如果超过 70，将导致画面边缘畸变过度，影响效果表现的真实感。“胶片背”栏下的“胶片偏移、胶片平移”参数的 2 个数值分别代表横向和竖向的视点偏移，比如想在效果图中更大角度地看到天花板的造型，但又不愿意失去过多的地面视角，就可以把该参数的第二个数字改为 0.3 或更多；反之，如果想看到更多的地面，则把偏移值设为负数，调整 Y 轴数值即调整相机视角的上下偏移。“胶片适配偏移”也可调整相机视角的偏移（见图 1－9）。

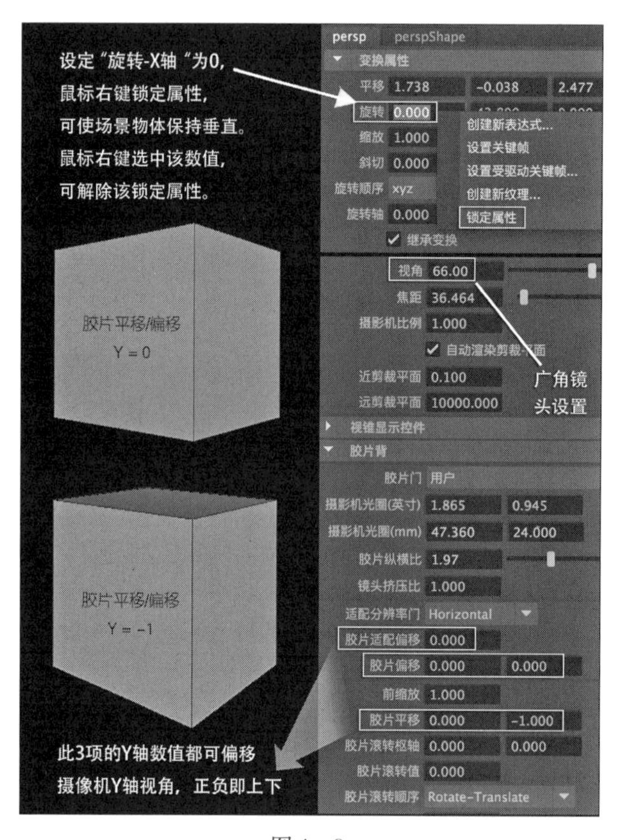


图 1－9

建筑和室内空间效果图一般需要物体的边缘线保持垂直以获得庄重感，这在透视摄影机的属性编辑栏中，可以通过锁定摄影机 X 轴的旋转参数为 0 来做到。如此设定后，无论如何旋转移动场景相机，都可以让效果图中物体的边线保持绝对垂直。需要取消时，选择该数值鼠标右键点击“解除锁定”（见图 1－9）即可。

MAYA 的窗口预览和渲染都具有景深模糊功能，MAYA 自带的景深设置可产生模糊预览，但景深模糊渲染只有在 Arnold 的栏目中设置景深后，才可以在 Arnold 中渲染。

尽管 Arnold 渲染器以快速的景深模糊渲染而出名，但运动模糊和景深模糊都相当地花费时间，所以在专业影视制作中一般都是在后期特效软件中做模糊效果(见图 1 - 10)。

图 1 - 10

MAYA 的各个功能模块如材质、灯光、角色动画等，除了可以进行节点编辑，还可以在一些编辑器上进行属性之间的连接，这个功能让 MAYA 能创造出更加丰富的效果。在“窗口”下有常规编辑器、建模编辑器、动画编辑器、渲染编辑器、关系编辑器和节点编辑器。常规编辑器菜单栏中包含众多编辑器，其中，连接编辑器是最重要的，连接编辑器可以连接不同物体之间的不同属性，在角色动画设置中有更大的用处(见图 1 - 11、图 1 - 12、图 1 - 13)。建模编辑器中的建模工具包，就是右上方排列的 5 个图标中的第一个，点击它，右边出现建模工具包栏目，下方有软件选择和网格栏目，网格栏目下方的 12 个命令，都是多边形建模的常用命令，除了“分离”“布尔”和“连接”命令，其余命令都以图标方式排列在软件界面上方的“多边形建模”快捷图标架上。渲染编辑器菜单栏中包含渲染设置、Hypershade 和灯光编辑器。关系编辑器中有对应各个模块的特定关系编辑器，如摄影机、动画、角色、动力学，其中，灯光链接编辑器有一定的实用性，如“以灯光为中心”编辑器，可以设定场景中的某一个灯光关联场景中的特定物体，即可以在该编辑器中设定有些物体接受某光源的光照，有些物体依然在场景中但不接受某光源的光照。节点编辑器是一个综合编辑器，可以编辑各个模块之间的属性和节点，具有强大的编辑能力。

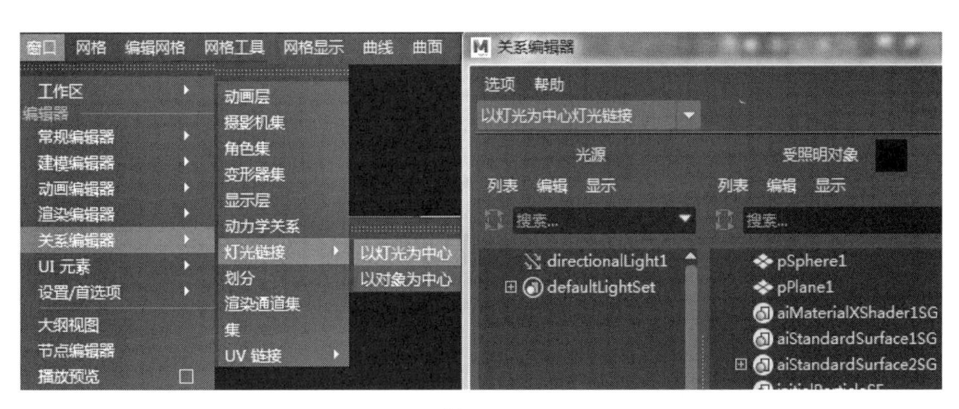


图 1 - 11

窗口
网格
编辑网格
网格工具
网格显示
曲线
曲面
变形
UV
生成
缓存
Arnold
帮助
工作区
编辑器
常规编辑器
建模编辑器
动画编辑器
渲染编辑器
关系编辑器
UI 元素
设置/首选项
大纲视图
节点编辑器
播放预览
最小化应用程序
提升主窗口
提升应用程序窗口
渲染视图
渲染设置
Hypershade
渲染设定
灯光编辑器
自定义立体绑定编辑器
渲染标志
着色组属性
FX 缓存
自定义
Arnold
MASH
运动图形
XGen
灯光编辑器
文件
帮助
名称
Color
Intensity
Exposure
Samples
directionalLightShape1
I: 2.323
E: 0.000
S: 2


图 1－12

窗口
网格
编辑网格
网格工具
网格显示
曲线
曲面
变形
工作区
编辑器
常规编辑器
建模编辑器
动画编辑器
渲染编辑器
关系编辑器
UI 元素
设置/首选项
Bifrost Browser
大纲视图
节点编辑器
Bifrost Graph Editor
播放预览
提升主窗口
提升应用程序窗口
属性编辑器
通道盒/层编辑器
内容浏览器
工具设置
Hypergraph: 层级
Hypergraph: 连接
视口
Adobe(R) After Effects(R) 实时链接
资产编辑器
属性总表
组件编辑器
连接编辑器
通道控制
显示层编辑器
文件路径编辑器
名称空间编辑器
脚本编辑器
命令 Shell
连接编辑器
选项
左侧显示
右侧显示
帮助
重新加载左侧
重新加载右侧
输出
从 -> 至
输入
pSphere1
caching
frozen
nodeState
blackBox
borderConnections
templateName
templatePath
viewName
iconName
viewMode
template
连接编辑器
pSphere1
输入
清除全部
移除
断开
生成
关闭


图 1－13

# 第二章

# MAYA 建模

## 第一节 MAYA 建模概述

MAYA 建模一直以来是以多边形建模为主，虽然还有 NURB 曲面建模，但不是主流建模方法，若干年前曾一度要发展细分建模法，但随着电脑运算能力的飞速发展，因多边形建模法导致的模型面数过多已经不是问题。布尔运算也是建模的一个补充方法，早期在 AUTOCAD 软件上就已经存在。对于那些造型讲究的生物体模型，MAYA 可以配合其他软件如 ZBRUSH、MUDBOX 等进行深入加工，塑造复杂表面和造型。

主流的 MAYA 建模是在基本形基础上进行点、线、面的多边形建模，MAYA 软件已经发展出一套较为成熟完整的点、线、面编辑操作命令，“软选择”命令的加入更是让多边形建模具有更多的可能性，尤其是曲面塑造能力获得提升。多边形建模遵循由简及繁的造型过程，类似于泥塑的成形，细节是逐渐塑造出来的，这样的过程符合艺术作品的基本造型规律。

在日益强大的计算机算力支持下，多边形建模法在丰富细节的过程中，不再计较无效多边形面数的增加，但需要关注合规四边形面的划分，这直接影响到渲染速度和完美程度，尤其是那些具有光滑圆润边角的几何体建模，边角的布线很重要。另外，MAYA 建模应尽量使用四边形面，可存在少量的三角面，避免出现五边形面。因为绝大多数三维软件是通过寻找对边来确定面的走向，三角形除了邻边没有对边，五边形具有两条对边，只有四边形具备确定的唯一对边，所以，大多数三维软件默认四边形为合法面。五边形及边数更多的面会出现运算报错且无法使用一些编辑工具，比如多边形切割工具就只能使用在存在唯一对边的面。如果在倒角等编辑过程中出现五个以上边数的面，可以通过多边形切割工具增加布线，人为地分割出若干个四边形面。

## 第二节 建模辅助工具

MAYA 大纲视图是一个在建模过程中必不可少的工具，可以帮助用户随时查找、编

图 2－1

辑、整理场景中的任何物体(包括灯光)。排列有序的文件有利于提高工作效率,项目管理和项目设置命令可以安排 MAYA 项目相关的每个文件夹处于合适的目录下(见图 2－1)。

在菜单栏的“文件”目录下,“优化场景大小”是一个处理“不干净”文件的工具。有时候打开网上下载的模型或场景文件会出错,如果是因为模型本身有一些不被 MAYA 认可的节点,那么勾选选项下的“移除-未知节点”就会让场景文件变得“干净”。另一个让项目文件变得干净合规的命令是菜单栏的“网格”目录下的“优化-清理”命令,点击后面的小白色方框,出现“清理选项”,其中的“通过细分修正”栏目下面的五个勾选命令可以清理修正文件中的不合规模型,避免场景文件报错(见图 2－2、图 2－3)。

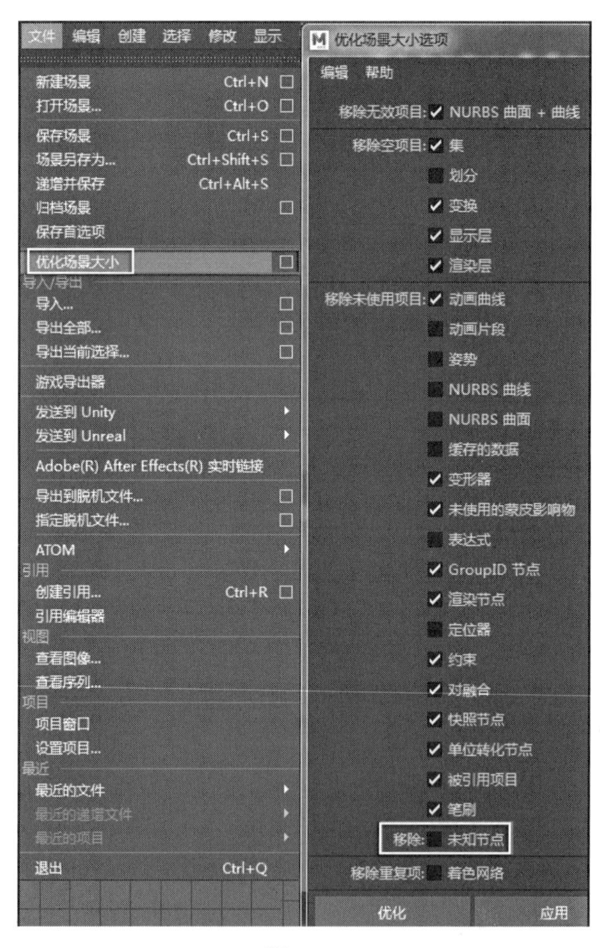


图 2－2

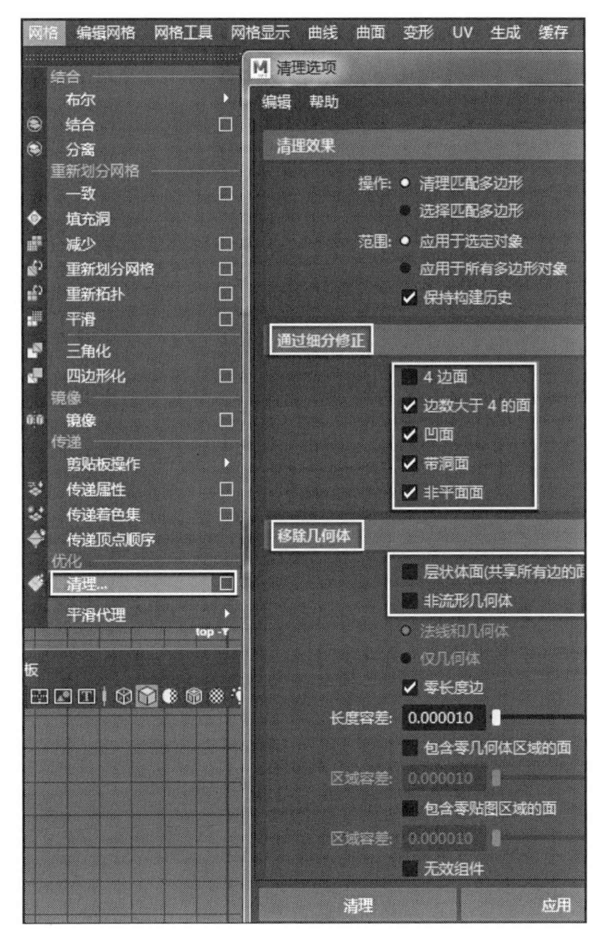


图 2-3

场景模型经过大量编辑修改后，会留下很多操作历史，这些历史命令在右边的通道栏和属性编辑栏中都可以找到并可以进行修改。但这种修改便利性也带来了电脑运算的负担，如果确定处于选择状态的物体模型不再需要修改，可以在菜单栏的"编辑"目录下，点击"按类型删除—历史"，这样可以让属性编辑栏和通道栏简洁明了，也让渲染速度得到了提升（见图 2-4）。

如果项目的场景比较复杂或庞大，就需要考虑模型的总面数是否在电脑的算力承受内，尤其是一些现成的模型库提供的家具模型或植物模型，用过"平滑（Smooth）"命令后导致模型面数达到几十万甚至以百万计，如果不是场景中的主要角色，或者只是远景，模型无需过于精细，可以用"网格—减少"命令，减少模型的面数，减轻运算压力，该命令默认减少量为 30%，建议不要减少 50%的面数，否则，会导致模型出现不正常面。在使用"减少"命令之前和之后，建议查看 MAYA 的多边形面数计算结果，点击"显示—题头显示—多边形计数"，查看五行计数显示的第三行——面的计数，如果场景中的物体处于选择状

图 2－4

态，则该计数只计算被选择物体的面数(见图 2－5)。

图 2－5

菜单栏“编辑”目录下的“特殊复制”在一般“复制”的基础上增加了移动、旋转、缩放及数量参数，可以一键复制具有不同位置大小的物体模型(见图 2－6)。

有时候，模型的中心枢轴位置需要重新设置。从默认的中心位置移动到顶端等位置，可以按 D 键或 Insert 键，这时平移图标中心会出现一个黄色小圆圈，用鼠标左键移动该圆点，就可以完成物体中心枢轴的移动。如果需要把中心枢轴移动到物体的顶点，可以同时按住 D 键和 V 键，拖动鼠标左键即可移动黄色小圆圈到各个顶点。如果需要把附近的两个模型严丝合缝地碰接到一起，可以按住 V 键，以鼠标左键移动某轴向，即可自动对齐到

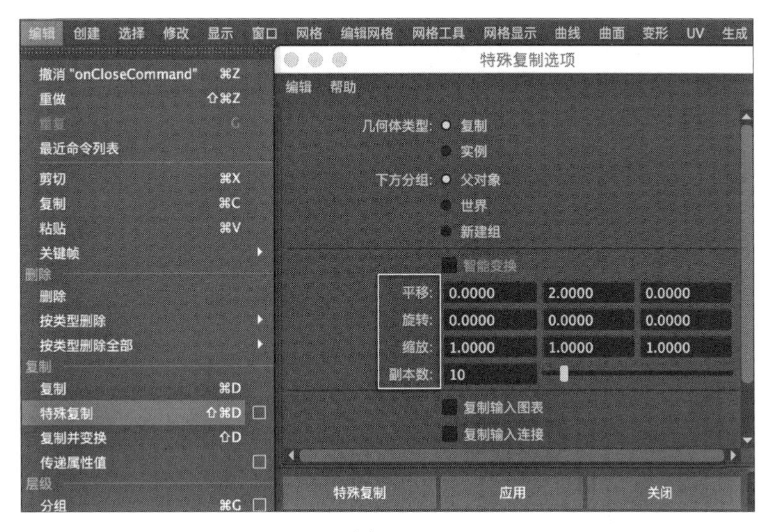


图 2－6

目标物体的边缘，当然，前提是该物体的中心枢轴已经移动到顶端了（见图 2－7）。

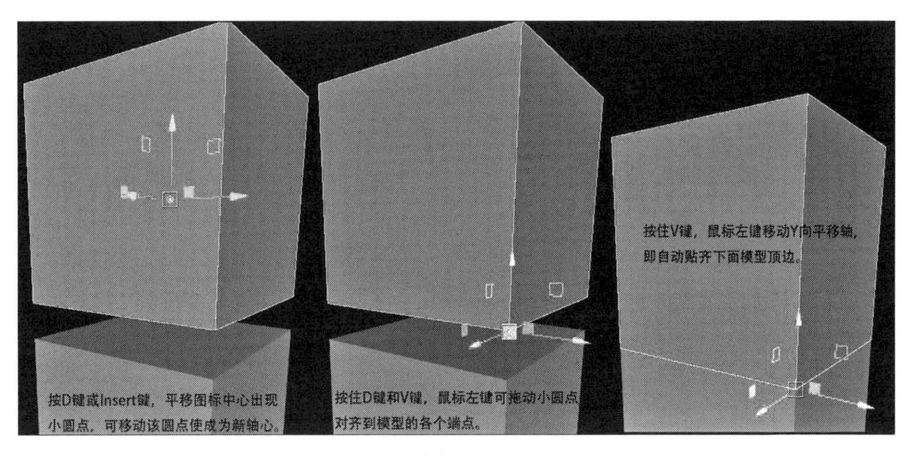


图 2－7

当建模对象是器物机械时，因为对象造型严谨，多边形建模前可能需要有平面图、立面图的参考定位，有两种方法可以提供建模参考图。一种是在需要的轴向创建一张平面（Plane），移动到合适的位置，拉伸到足够的大小，然后创立一个 Lambert 或 AiLambert 材质，在 Color 一栏中导入参考图片，将该材质赋予平面，最后调整 UV 投射，比如设为 Z 轴平面投射，同时调整坐标大小。该方法还可以结合层管理，在右侧通道栏最下方，在层管理栏里创建新层，选择该平面，在目标层栏目点击右键，选择“添加选定对象”，即可把被选择的物体加入该层。在处于选择状态的层栏目中，首个字母“V”即 Visible（可视的），点击 V 取消，则该图层中的物体不会出现在显示窗口和渲染中，但还存在着，方便了用户对场景中物体的管理和渲染。

图 2－8

另一种方法是直接在 Top、Front、Side 摄影机的属性编辑栏中，点击进入"环境—图像平面—创建"，导入预先调整好的图片，在透视窗口就会出现满框显示的背景图，可以作为接下来建模的参考图像。如果要删除该图像，可以在图标浏览窗的摄影机栏目中直接删除该图标，或者在节点编辑区中选择该功能的连线，按 Backspace 键，即可删除该背景图片(见图 2－8、图 2－9)。

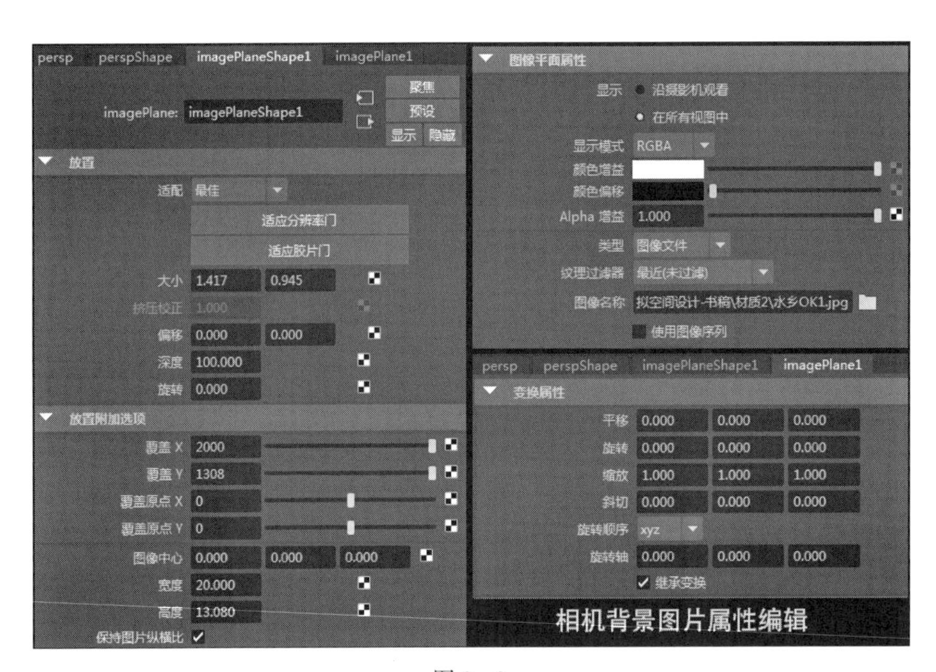


图 2－9

基于该方法，在前视图、侧视图和平面图的辅助下，通过基本形创建并编辑，或以 CP、EV 曲线描画出曲面的基本轮廓，在三个视图的参考图上不断修正线条，然后形成面、挤出面，最后做出需要的造型，该方法适合无规律的曲面造型，如明式家具、怪兽等(见图 2－10)。

MAYA 的捕捉工具总共有六个，其中四个最常用，物体上的点、线、面都能应用吸附功能，物体自身的点、线、面也都能吸附到自身。第一个是捕捉对象到网格，按快捷键 X。

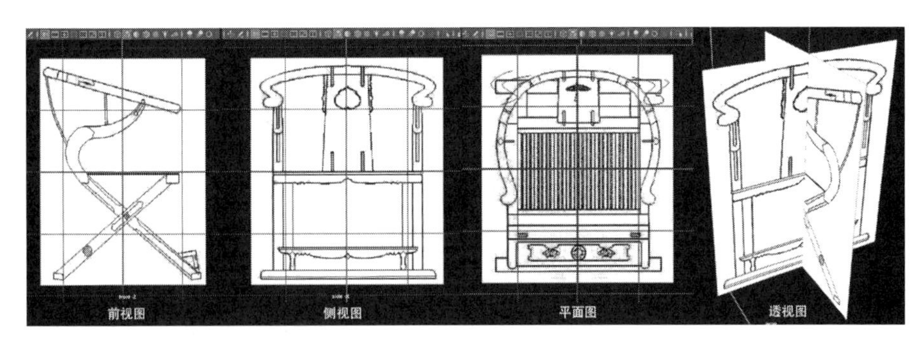


图 2 - 10

第二个是捕捉对象到曲线，按快捷键 C。第三个是捕捉对象到点，按快捷键 V。第三个和第四个分别是捕捉对象到投影中心，捕捉对象到视图平面，这两个不常用。第五个是激活选定对象，具有综合吸附功能。点击按钮，立方体就被激活为选定对象，要解除吸附效果，只需点击按钮取消激活（见图 2 - 11）。

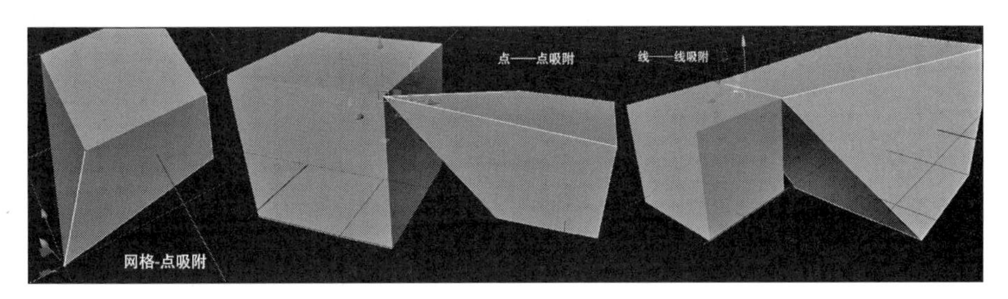


图 2 - 11

## 第三节　MAYA 多边形建模

### 1. 多边形建模概述

在 MAYA 建模体系里，有两种类型的面，即 NURBS 和 POLYGON。

NURBS 是 None Uniform Rational B-Spline（非均匀有理性 B 样条曲线）首写字母的缩写。所谓样条曲线（Spline Curves），是指给定一组控制点而得到一条光滑曲线，曲线的大致形状由这些点予以控制，一般可分为插值样条和逼近样条两种。插值样条通常用于数字化绘图或动画的设计，逼近样条一般用来构造物体的表面。Non-Uniform（非统一）是指一个控制顶点的影响力的范围能够改变；Rational（有理）是指每个 NURBS 物体都可以用数学表达式来定义；B-Spline（B 样条）是指用路线来构建一条曲线，在一个或更多的点之间以内插值替换。NURBS 物体构建严格按照图形学拓扑的四边形原理，比较擅长创建一个不规则曲面。NURBS 曲面由曲线构成，曲面是曲线的网状组合，曲线被用来构建和修改曲面，曲线是不可渲染的。NURBS 因为其优越的建模能力曾经成为工业设计和电影制作行业的标准。

POLYGON 建模逐渐成为最主流的建模方式是因为它的易学、易用、易修改，它的贴近泥塑造型的方法流程，容易被艺术家和设计师理解并接受，而且在 UV 贴图方面也相对容易，不会有 NURBS 模型的缝的问题。该建模方法主要是通过对多边形对象的各种部件（如点、线、面）进行创建、编辑、改变来实现造型的过程。多边形建模早期主要用于游戏。非 AAA 游戏对模型面数有严格要求，过于精致复杂的模型会影响实时渲染，因此，低精度多边形模型（简称低模）结合凹凸贴图、置换贴图及烘培技术成为游戏领域的主流方法。但随着电脑计算能力的快速增长，结合不断进化的多边形建模技巧方法和第三方雕刻软件，多边形模型也能达到媲美 NURBS 模型的精致，甚至在易修改性方面超过了 NURBS 模型，让电影 CG 角色动画可完全依靠多边形高精度模型（高模）完成（见图 2－12）。

图 2－12

如今的科幻大片已经高度依赖 CG 技术，角色模型的精致逼真程度也是突飞猛进。CG 技术第一次出现在电影中是 1985 年的《少年福尔摩斯》，那时的 CG 技术可以说是“看假是假”，CG 模型粗糙。1991 年的《终结者 2》让 CG 角色开始深入人心。《终结者 2》的导演是卡梅隆，作为一个永远站在技术革新潮头的卡车司机，他在 1997 年的《泰坦尼克号》里大量使用 CG 人物代替真人表演，取得轰动效应。《魔戒》在电影 CG 技术上是划时代的，第一次开始大规模地使用“动作捕捉”，不像《泰坦尼克号》里 CG 人物的动作是关键帧设置出来的，《魔戒》里咕噜的动作是由安迪表演出来，再通过传感器把动作数据传入软件。从《魔戒》开始，来自新西兰的维塔公司进入人们的视野，它也是制作《阿丽塔》CG 特效的公司。2010 年，《猩球崛起》系列把 CG 技术又往前推进了一大步。特效行业有两个不敢碰的：一个是毛发，一个是水，因为这两样东西都包含大量自由运动的个体，需要电脑进行海量的运算。《猩球崛起 3》里的每一根毛发都是用猩猩的毛发建模，不用人类毛发，每只猩猩大概有 500 万根毛发，这项工作每只猩猩要做 500 万次，而电影里有上百只猩猩，总计需要 1.9 亿小时的特效渲染时间。由维塔公司制作、卡梅隆监制的《阿丽塔》更是把 CG 技术推至巅峰。对于虚拟的猩猩，观众还是宽容的，毕竟不是经常看到，但我们对于人脸的丝毫不真实都是能看出来的。阿丽塔的肌肤质感就算放大到很大，也已经和真人无异，这是因为维塔公司在阿丽塔脸上的每一个毛孔里都植入了一根汗毛，这些汗毛的总量达到 50 万根，让画面更趋于真实。此外，阿丽塔的一只眼睛的虹膜有 830 万多边形面数，作为对比，《指环王》中咕噜的整张脸只有 9 万个面。当然，维塔公司的硬件支持也是空前的，动用了 3 万台电脑，800 个特效师，渲染时间总长达到 4.32 亿小时，相当于 5 万年。

## 2. 多边形建模的步骤

不管是人物、角色建模，还是场景、物体建模，多边形建模的基本步骤可以总结如下：以 MAYA 自带的基本几何体为建模基础，如创建一个平面或一个球体、立方体等，根据建模对象的布线需要，在右侧的通道栏中修改原始几何体的网格线分布数量，这个步骤的调整可以在随后的过程中通过切割工具增加或减少布线密度，或以移动工具移动布线位置。同样在通道栏中，可以输入创建物体的长、宽、高数据，这就可以创建出尺度极其精确的物体，这些数字的单位是米还是厘米，自己设定，显示窗口中的网格是相对尺度关系。

以做一张桌子为例。第一步以原始立方体为基础创建出具有长、宽、高比例关系的桌面体块。第二步是做四条长方块桌腿，在 MAYA 建模中，有三种方法可以做出同样效果的四条桌腿，分别为挤出法(Extrude)、组合法(Combine)和分割法(Divide)。挤出法是目前建模的主流，其基本思维和泥塑类似，组合法最容易理解和接受，分割法最古老也最具局限性。如果要求自始至终地只能以一种建模法建构所有模型，就只能使用挤出法。

挤出法就是用“编辑网格”的“挤出(Extrude)”命令把需要造型的边线或面进行推拉，使其凹陷或凸起，点击“挤出”命令后，具体尺寸可以在属性编辑栏或通道栏输入精确数字，也可以移动该命令图标中的 XYZ 轴向，或者是随后点击“平移、旋转、缩放”命令任意进行编辑，如果结合“工具设置”中的“软选择”选项，更是可以做出很多具有想象力的桌腿，这些数据可以在随后步骤中在历史记录中进行更改。为了让“软选择”工具能充分发挥作用，也同时为后续的深入编辑留下分段数，可以在挤出过程中，分多次拉伸，形成若干分段数，因为“软选择”导致的弯曲需要足够的面数才能成型。

点的移动是重要的造型手段，可以是单个点或若干个点移动，或结合“软选择”递增递减移动，可以获得更丰富的造型效果。点的移动不仅可以塑型，也可以移动布线，调整布线的密度和距离。边线的挤出应用相对不太多，因为拉伸出来的面没有厚度，也缺乏造型的丰富可能性，可以在边线拉伸后进行面拉伸，形成厚度和体块，但是无厚度面的挤出拉伸容易导致面的反向和破洞，需要通过显示法线以检查哪些面是反向了。反向面会导致无法正常圆滑和连接，也无法渲染出正常色彩，可以通过选择反向面，点击“网格显示—反向”命令来反转面。按住 Shift 键连续选择破洞四周的四条边线，点击“网格—填充洞”命令可以修复破洞。以立方体基本形开始面的挤出拉伸，可以避免反向面和破洞问题。同样，通过边线的挤出拉伸和点的合并来塑造形体，不如以体块基本形进行切割更为方便(见图 2-13、图 2-14)。

组合法是最简单的建模法，就是分别完成各个组件，然后通过组合(Combine)命令使各个组件成为一个多边形整体，该组合命令可以组合多个没有实体接触关系的多边形模

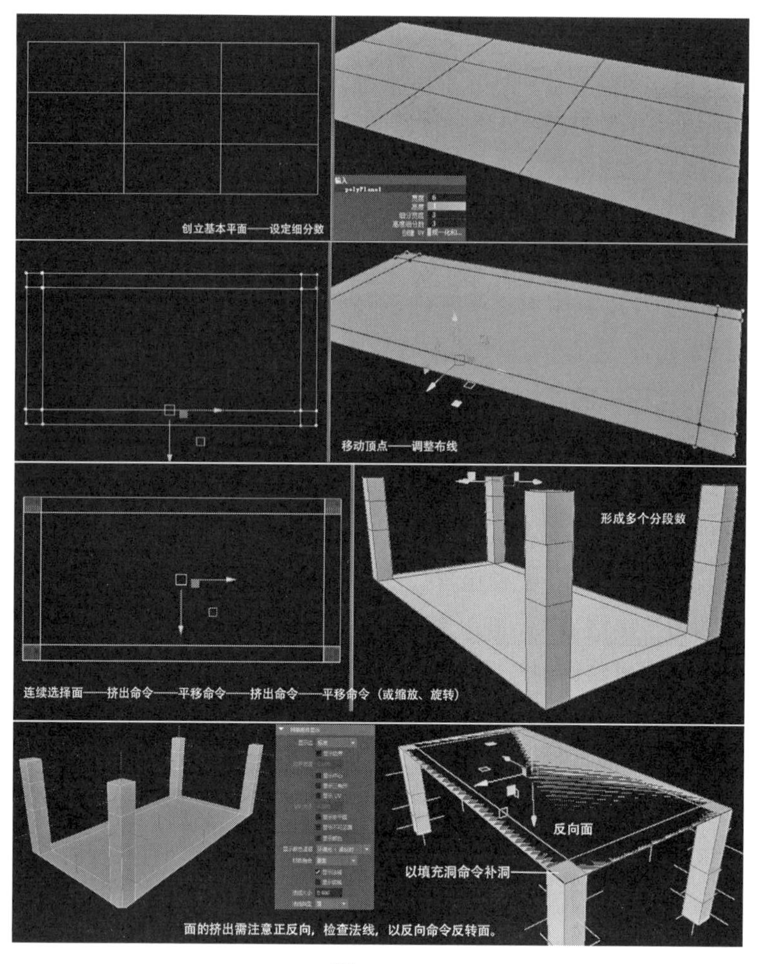


图 2－13

型，当然，也可以使用布尔运算的合并命令加以组合（两者的差异本书第 34 页有文字加以分析）。组合法类似于搭积木，把众多各自成型的构件组建成一个新的整体，该方法几乎不存在认知上的障碍，任何人都可以做到。但该方法不适合做体块关系复杂且精度要求高的机械类模型，因为不仅存在着组件体块严丝合缝拼接的问题，还存在布线的统一有序问题。不同几何体原型的基本布线结构是不同的，如果都依靠后期手动调整布线的统一，会消耗大量的时间。

可以把挤出法和组合法进行融合，尤其对于需要很高精致程度的机械类模型来说，融合法更适用。其核心是利用一个基本形（面或体）做挤出（Extrude）命令，然后用“提取”命令分离出这个基本形，于是就有了和基本形布线一致、外轮廓高度吻合的组合件，然后可以依次用 D 键、V 键进行中心枢轴移位和对接。这里的“挤出”既可以是挤出面，也可以是挤出线，如果挤出后发现面呈现黑色，那是法线反了，点击“网格显示—反向”即可修正。然后在模型边缘倒角或插入循环边，就可以得到边角平滑、布线和形体高度吻合的组件（见图 2－15）。

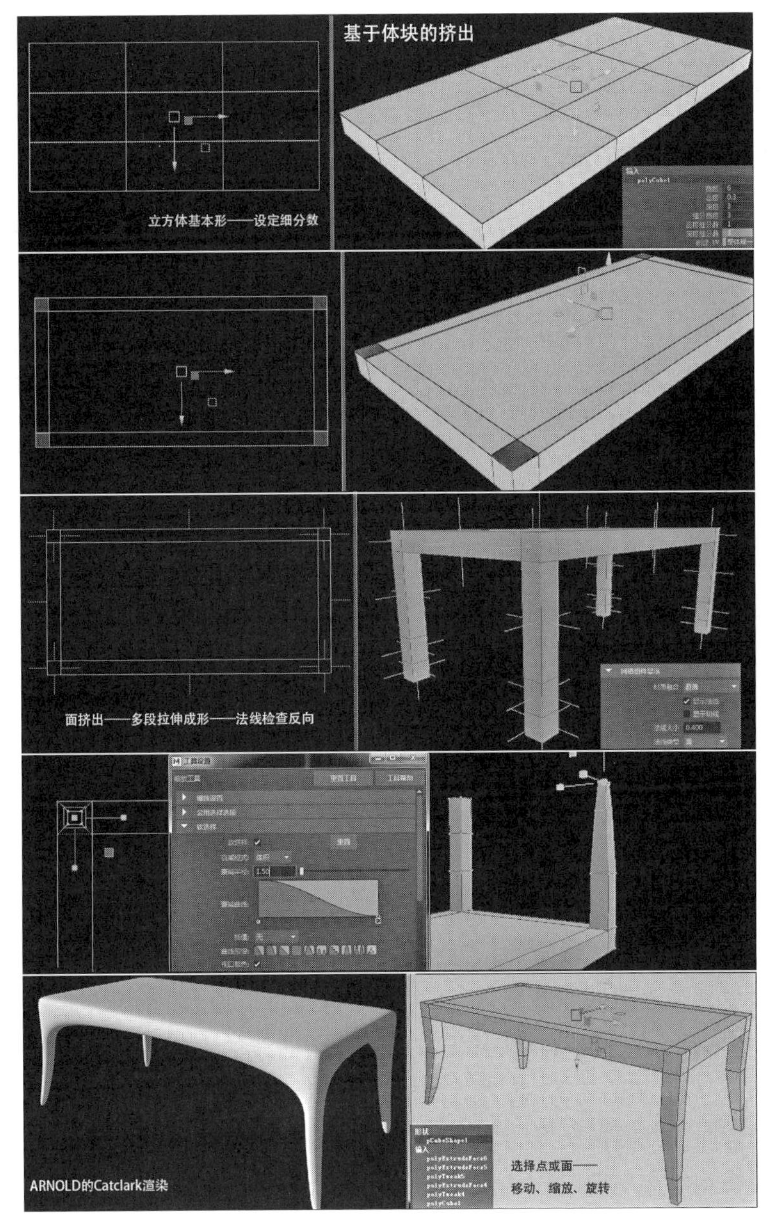


图 2 - 14

分割法是依靠布尔运算①中的相减命令达到造型目的的，有点类似于金属零件的机床加工，通过机床上各种刀具的切削，最后得到想要的形状，当然这里的分割法不是逐渐切削，而是在辅助形体（相当于刀具）的配合下，一键完成切削。二十多年前的

① 布尔运算(Boolean)是一种数字符号化的逻辑推演法，包括合并、相交、相减三个选择，普遍存在于二维和三维设计软件中，比如苹果电脑的商标就是用黄金分割、正圆和布尔运算设计出来的。

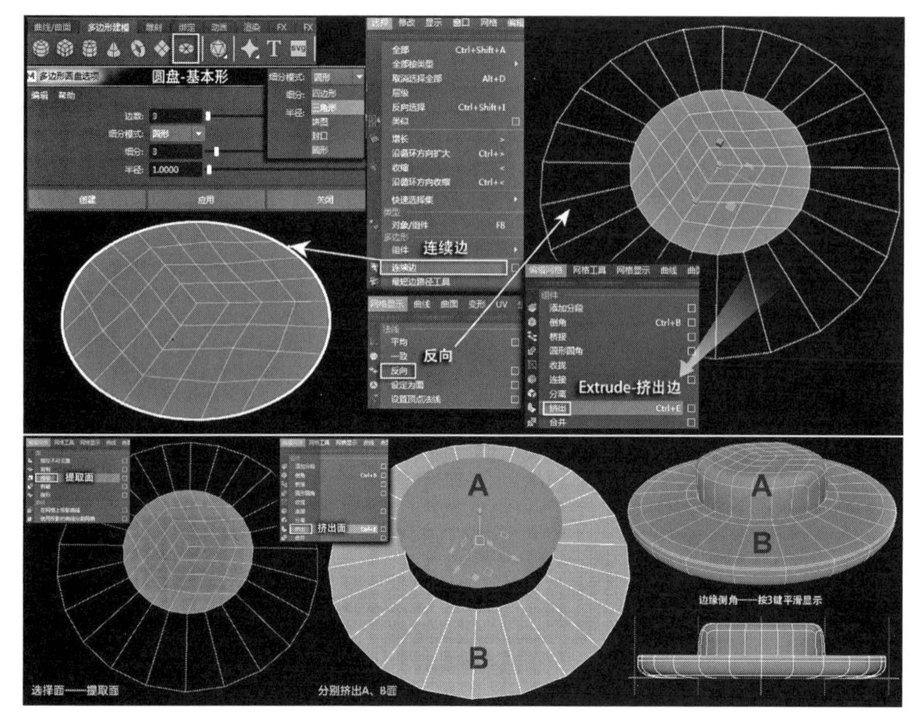


图 2－15

AUTOCAD 软件中就有了布尔运算命令，也是该软件中唯一的三维造型手法，后来所有的大型三维软件也都标配了布尔运算命令，但应用它来做形体的应该不多，因为复杂形体的切削需要复杂的辅助“刀具”，那还不如直接把做刀具的时间花在做形体上。

完成第二步的基本形体构建后，有的还需要第三步，即模型构件或细节的深化，比如把那四条腿做成逐渐收缩的曲线形，虽然把成品弯曲可以通过“变形—非线性—弯曲”命令达到，但毕竟不那么直观和高效，且没有做更复杂曲线的可能性。在多边形建模法中，最佳方法是结合“软选择”命令，在合适的“衰减半径”数值下拉伸移动物体模型的顶点(Vertex)以及弯曲或旋转被选择的顶点，最终获得理想的曲线造型。

全部完成模型的造型后，进入第四步，即模型边缘的圆润。在现实生活中，除了刀具，不会有任何物体具有无比锋利的边缘转角，模型边缘的处理成为最终渲染效果真实感的关键决定因素。获得圆润的模型边缘最简单高效的方法是倒角(Bevel)命令：按住 Shift 键，连续选择需要倒角的边，选择好全部需要倒角的边线后，点击“编辑网格—倒角”，甚至无需点击右边小方框去预先编辑分段数和分数，因为具体数值可以在点击后出现在右下方的浮动编辑栏中进行调整。也可以在右侧通道栏中“polyBevel”下的一系列数值中调整，可以在输入数值的同时实时观测倒角结果，直至最佳效果出现，其中的“分数”是调整倒角边的长度，“分段”是调整该长度被分成几个等分，等分越多，视觉上越圆滑，“深度”默认是 1，保持自然的圆润感，如果为 0，该倒角成为斜线；如果为－1，则成为凹陷。但该方法不具有深化调整的可能性，如果分批选择边线做倒角，和一次性选择全部边线倒角的结果是不同的。该方法的好处是能够高效地处理好那些需要圆润的边角，而保留一些锋利的边角（见图 2－16、图 2－17）。

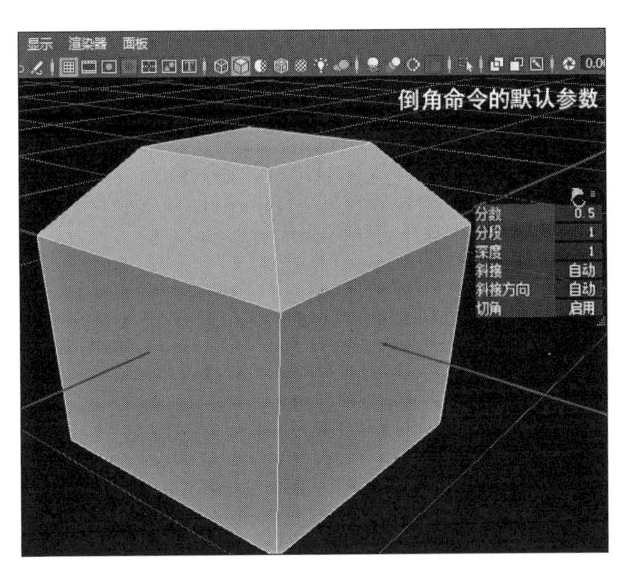


图 2－16

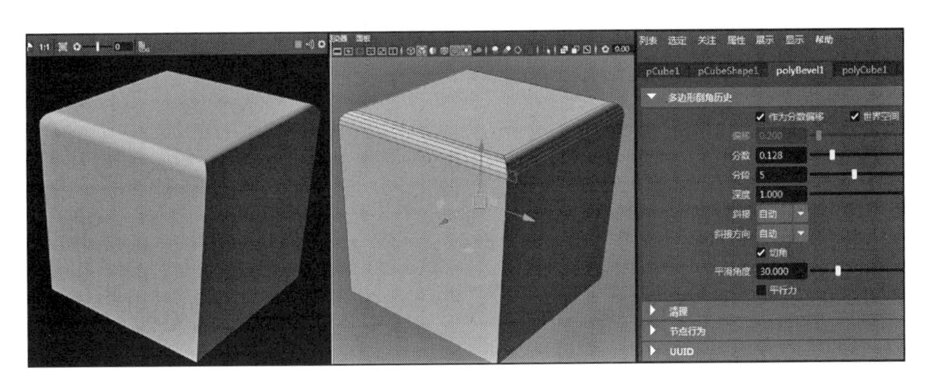


图 2－17

另外一种圆润模型边缘的方法被多数专业模型师使用，即通过 MAYA 的“网格工具”菜单下的“多切割工具”和“插入循环边”“四边形绘制”工具，自由地在模型表面布线，以布线与转折边之间的距离大小控制边角的圆润程度。该方法最大的好处是，可以按需要在模型的不同部位进行不同密度和不同距离的布线，实现不同的边角圆润程度，增加模型的丰富度和真实度。“多切割工具”可以在具体某条边线旁边布线，“插入循环边”可以在整个面的四周同时布线，“网格工具—偏移循环边”可以在任意一条边或布线的两旁同时布线。“四边形绘制”更是极大地提升了处理模型的效率。使用该工具时需要在选择目标模型并点击该工具后，按住 Ctrl 键，窗口中鼠标光标旁才会出现绿色的四边形布线。

所有这些布线都可以在后续步骤中通过点选择进行移动调整，以达到精细化效果。所有的布线完成后，再点击键盘的“3”键，就会在显示窗口出现各种圆润视觉效果，如果点击“1”键，则恢复到硬边显示效果，该软硬显示效果和 Arnold 渲染效果一致（见图 2－18、图 2－19、图 2－20）。

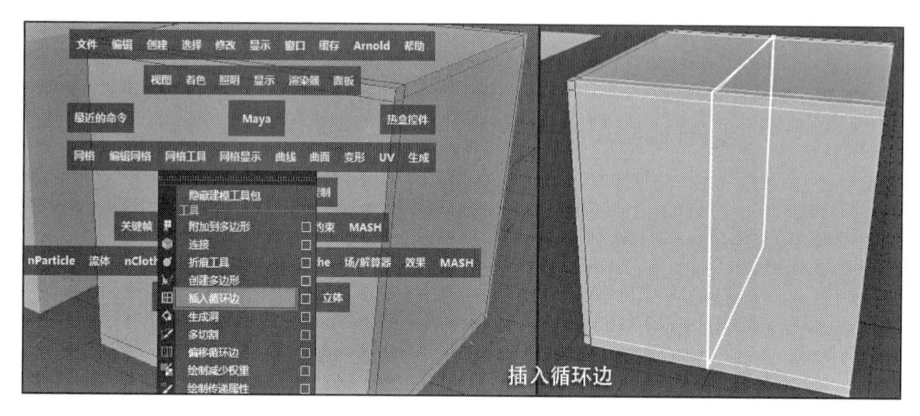


图 2－18

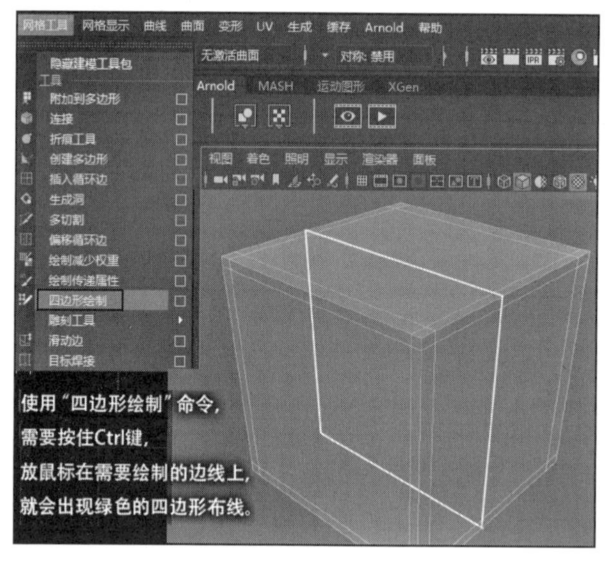


图 2－19

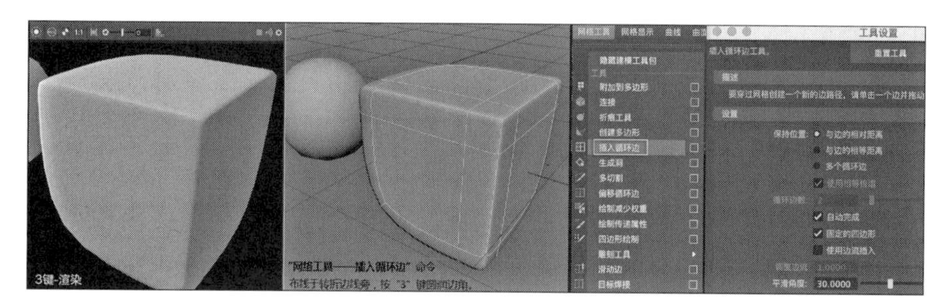


图 2－20

除了以上两种方法，Arnold 为 MAYA 提供了另外一种圆润边角的思路和方法。先选择目标物体模型，在右边属性编辑栏的 Shape 属性下，找到 Arnold 栏，在细分栏的 Subdivision 中点击“Type—catclark”，随后把 Iteration(迭代)的数值调整为 3，以增加细分精度。如果需要锁定边角的纹理位置，可以选择 UV Smoothing 选项中的“Pin border”或“Pin corner”，让纹理不因平滑而滑动。该方法简单高效，但缺乏自由度，虽然可以让单个模型具有圆润度，但该圆润度是不可调节的，不像倒角，可以自由调整圆润的距离和角度弧线。该方法其实相当于在键盘上按“3”的圆滑效果，相比较按“3”键，该方法又多了物体模型的选择，而不是场景里所有模型的边角都被圆滑(见图 2-21、图 2-22)。

图 2-21

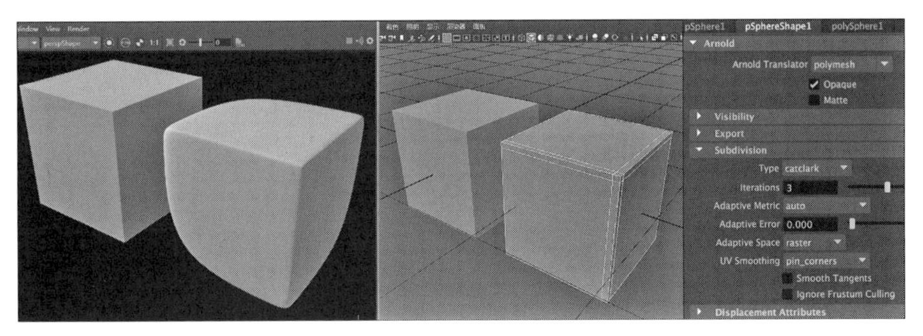


图 2-22

MAYA 软件中还有一个命令可以达到圆滑边角的目的，即“网格”菜单下的“平滑”命令，预先把其编辑栏中的分段级别设置为 3，就可获得足够的平滑度，但该命令也带来一个不好的后果，就是该模型的面数会大大增加，而不是仅仅在需要圆滑的区域，那些平整的区域也被细分为很多无效的小四边形面。在十多年前曾一度重点发展的细分建模方法，就是通过有选择地在需要圆滑区域增加过渡面数，而在平整区域保持原来面数，该方法是通过分层处理方式解决不同区域的面数细分。当然，以如今的电脑算力，场景模型多出来的面数不是首先要考虑的问题，除非是电影级别的渲染，才要尽可能地节约使用面数(见图 2-23)。

虽然在 MAYA 中还可以通过点击“修改—转化—多边形到细分曲面”，让多边形面

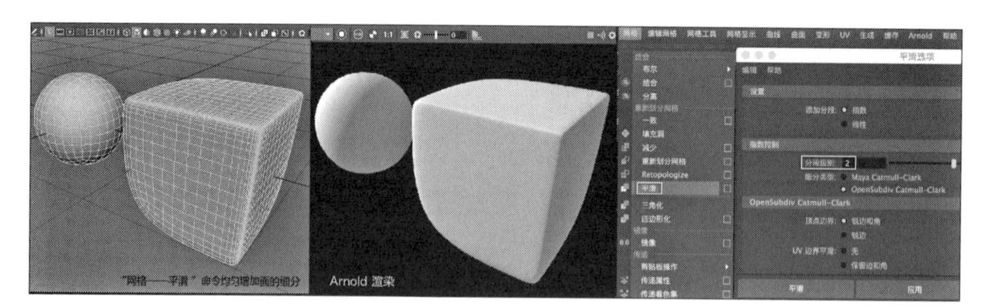


图 2－23

转化成细分曲面，以达到圆滑边角的目的，但那种圆滑效果只是出现在 MAYA 的显示窗口，以及 MAYA 软件渲染模式出图，却没法以 Arnold 渲染模式出图，Arnold 不与细分曲面兼容。细分曲面最基本的概念是面的细化，通过反复细化多边形面，可以产生一系列趋向于无穷精细的细分曲面，在需要细节的部位添加多层次（0—12 层）细分面，可以做到在控制总体面数的基础上，仅在需要圆润效果的部位增加细分面数，从而减少渲染的运算量。由于过去 MAYA 的倒角命令存在一些缺憾，细分曲面一度被用来处理多边形模型平滑效果，随着倒角命令的优化和计算机算力大幅提升，MAYA2016 版本放弃了细分曲面建模的相关命令，彻底告别了细分建模方式，多边形建模方法得到进一步加强，比如加入"插入循环边""偏移循环边"等命令，进一步完善了多边形模型的边角圆滑操作（见图 2－24）。

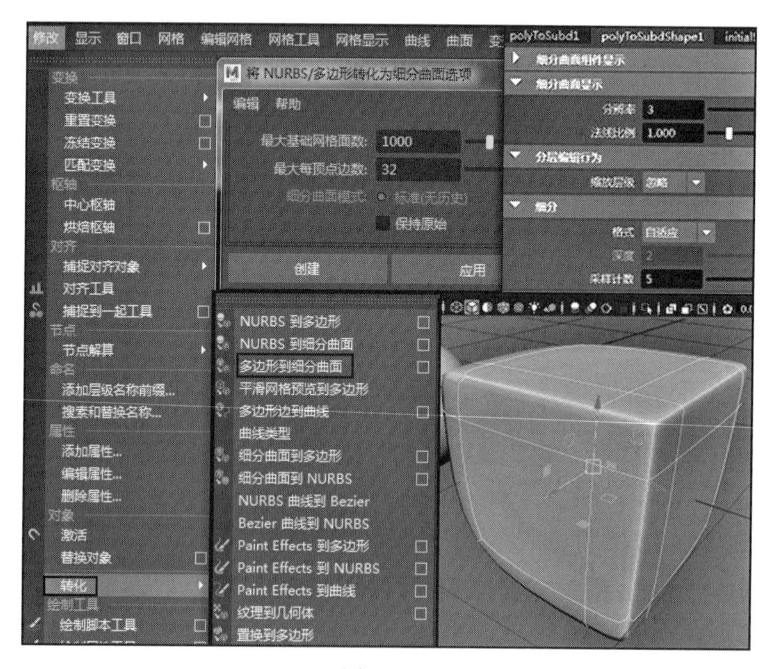


图 2－24

建模的最后一个步骤，就是清理模型。选择模型，点击 MAYA 的“编辑—按类型删除—历史”，可以让模型中存在的操作历史被清除。在右侧的属性编辑栏中，可以发现删除历史后，那些模型编辑过程中的属性都被清理了，在留下的只有四个属性中，两个是关于模型形体信息的，两个是关于模型材质信息的。在最右侧通道栏中，同样可以发现删除历史后，栏目里的信息只留下最基本的。如果经历过“组合”操作，物体的中心枢轴会移位，影响后续的移动旋转等操作，可以点击“修改—中心枢轴”，中心枢轴就会回到新模型的中心位置。如果需要让目标模型的平移、旋转、缩放参数的数值归零，可以点击菜单“修改—冻结变换”，也可以在选项栏中单独冻结某一项，该命令在动画中运用较多。如果外面导入的模型无法移动位置，或移动位置后重开文件又恢复原来位置，这是因为该模型的位置数值被锁定，可以把鼠标光标放在右侧属性编辑栏或通道栏中的相关数值上（锁定的数字显示出不同颜色），点击鼠标右键，在浮动菜单中点击“解除锁定属性”即可解锁（见图 2 - 25）。

图 2 - 25

综上所述，MAYA 软件主流的多边形建模的流程大致归纳如下：(1)创建基本形体；(2)拉伸基本形；(3)创建形体细节；(4)组合形体；(5)圆滑形体；(6)清理形体。其中，第二步和第三步是重点。

## 第四节 建模布线修整

建模的布线是建模过程重要的组成部分，不仅在创建基本形时就需要在通道栏的基本形属性中设置好分段数，还需要在造型过程中不断地思考如何让各个组件之间的布线保持一致、单个物体模型的布线细节是否合理合规，在造型过程中，需要不断地修整布线。有时候需要给模型添加分段数，为后续的点线面编辑提供基础，这可以通过“添加分段”命令增加面的分段数，然后选择点，进行精确的移动修正（见图 2－26）。

图 2－26

平滑模型的边角对模型自身的布线是有要求的，如果布线不够合理，就不会出现圆滑光整的过渡平面。比如，有些点是被五条线交叉形成的，当平滑时，这些点所在部位大概率会出现细碎的小三角面，影响平滑结果。这时可以利用多边形切割工具重新切割布线，删除多余的线，尽可能地让每个点由四条线交叉而成，全部由四边形构成模型，这样就保证了最终的平滑结果（见图 2－27）。

图 2－27

模型边角区域的布线密度直接关系到边角圆滑程度，如图 2－28 中的 A 区域是转折边线两边有两条布线，而 B 区域旁边有一条布线，在渲染图中，A 区域明显比 B 区域转折明显，如果需要将 B 区域加强转折锐度，在转折线旁边再加一条布线即可。在倒角形成的圆滑边效果中，分段数设置为 4 明显要比分段数设置为 2 的边圆滑。在透视窗口中，按下 3 键即可看到圆滑程度，可以在 1 键和 3 键间切换，调整布线或增加布线，调整布线的密度。对于由多切割工具生成的布线，可以选择移动点的方式，以改变布线的位置；对于插入的循环边，可以在属性编辑器中调整循环边的权重数值，以改变循环边的位置（见

图 2－28、图 2－29、图 2－30）。

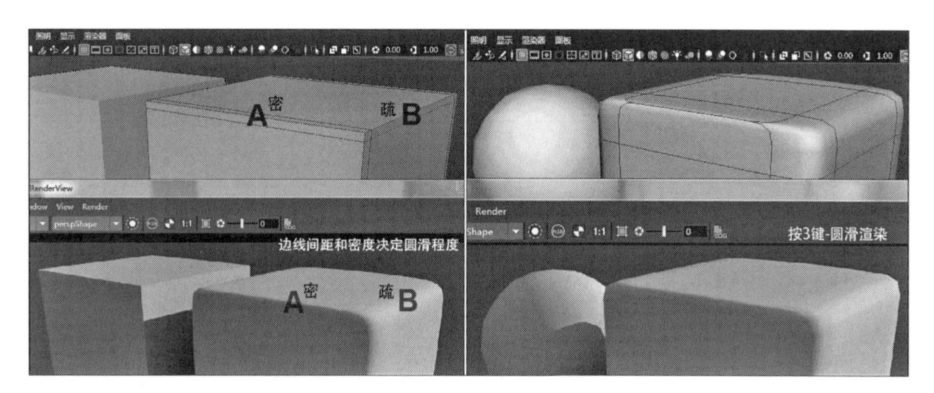


图 2－28

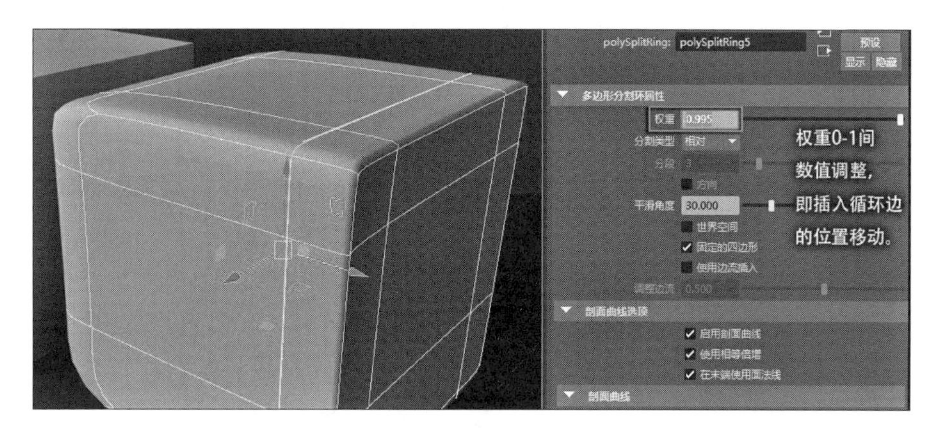


图 2－29

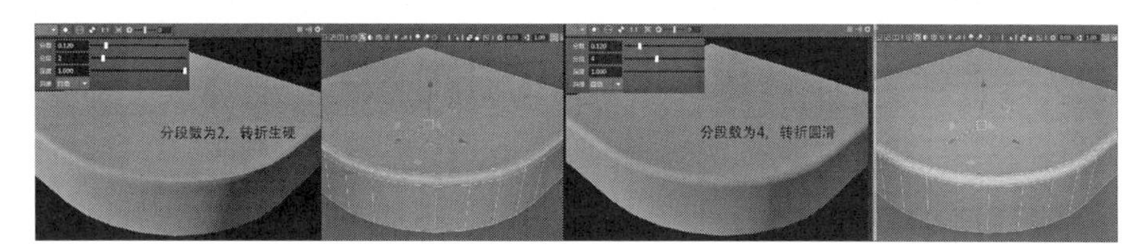


图 2－30

如果是通过倒角形成圆滑边角，有时需要多次的倒角，在第二次倒角时，输入的分数值可以和第一次的不同，但是在历史中修改这个第二次分数值，就会导致多次倒角的分数值一致化，也就是说，如果多次倒角的分数值不同，在历史数值中修改会有麻烦。MAYA软件对倒角工具不断优化，如今第一次倒角命令形成的布线越来越合理化，但随后的第二次、第三次倒角会产生一些细碎的不合理三角面，导致渲染图出现破碎或锐利的转折面。如图 2－31 所示，对于出现异常的区域，首先，删除细碎的三角面的短边线，在转折边线旁以多切割工具重新布线，以保证面的衔接和缓、过渡自然，除非是转折过渡的尽头区域；要尽量以四边形布线，一定要避免有5—6个边的面出现，否则会导致渲染的面异常；可以用多切割工具添加布线，使之形成四边形面（见图2-31、图2-32）。

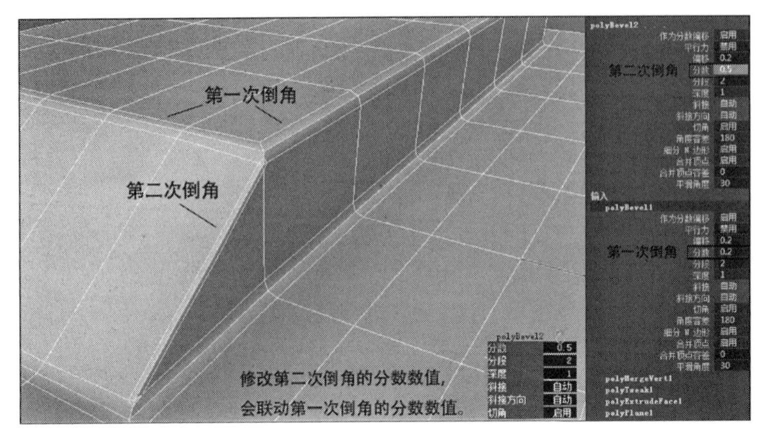


图2-31

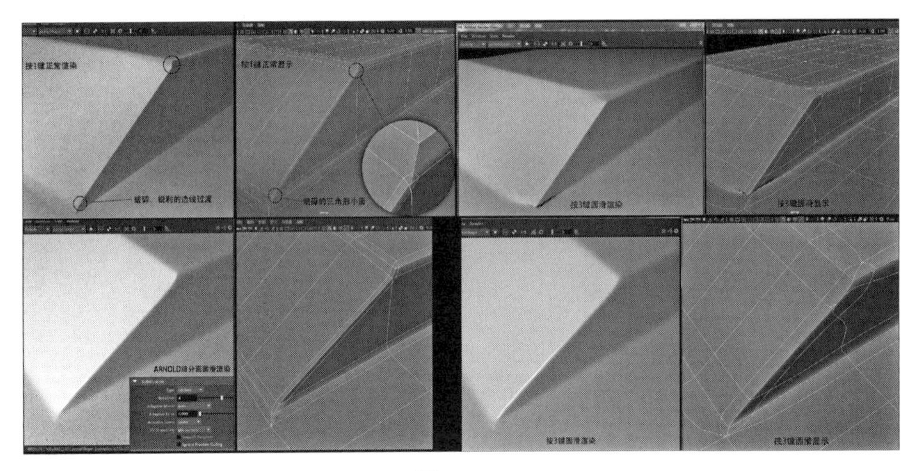

图2-32

在以MAYA布尔运算的“合并”命令完成的模型中，由于两个模型的布线结构完全不同，难免会出现布线混乱，在相交区域两者的布线相互不衔接，而且在该区域还出现很多细碎的小三角面和无效点，如果以圆滑效果渲染，这些混乱会表现得尤其明显。如图2-33所示，平面布线与圆柱体布线的相交接区域，在渲染图中表现得比窗口的硬件渲染夸张很多，可见，圆滑渲染对模型的布线规整要求颇高。比较后面三张调整过布线的图，圆滑渲染的相交接区域圆润平整，通过比较前后三张图的布线，尤其是平面与圆柱体相交接的圆环区域，会发现后面的布线规整有序，圆柱体延伸出来的布线在平面上有对应的布线衔接，通过移动点的方式，让平面和圆柱的布线相连接，把重合的点以“合并”命令完全融合，在边角处没有出现零碎的小三角面。而且，在每一段布线上都删除了无效的点，这些无效点会导致渲染异样（见图 2 - 33）。

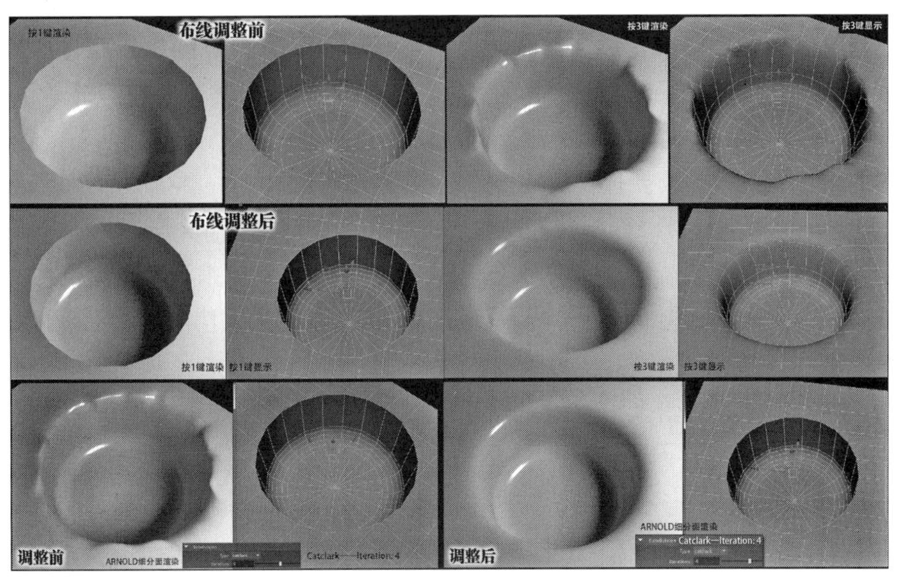


图 2 - 33

如果结合或合并的两个模型的法线方向不同，即两个部分法线相反，可以通过显示法线进行检查，只有在两部分模型法线方向相同时，平滑边功能才能正确完成。点击“网格显示—反向”命令，可以让法线反转的表面翻转（见图 2 - 34）。

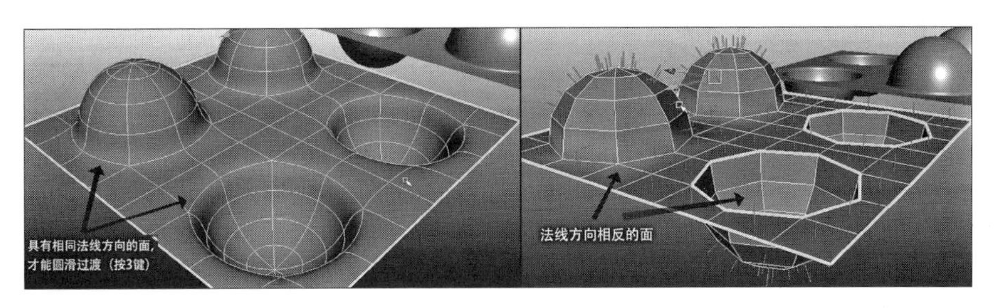


图 2 - 34

## 第五节　多边形建模工具

对于大型或复杂场景，保持模型的干净和界面的整洁很重要，这样不仅可以提升操作效率，也可以提高渲染速度。首先，在大纲视图中，把同类型或相同属性的模型打包并赋名。按 Ctrl 或 Shift 键连续选择需要打包的模型，然后按 Ctrl 键 + G 键，即可完成打包（Group），鼠标左键双击文件名，输入易辨识的文件名，用拼音或英文命名。有序整齐的大纲视图可以让模型的选择更为快捷。

其次，对于已经确定无需修改的模型，最好进行“删除历史”让模型的渲染更有效率，选择目标模型后，点击“编辑—按类型删除—历史”，删除历史的模型的属性编辑器和通道栏都会变得简洁，但在使用该命令前需谨慎，因为删除历史后，有些操作就无法恢复了。删除历史后，如果有必要，可以点击“修改—冻结变换”命令，该命令让模型的平移、旋转、缩放数值都归零，这在角色动画设置中尤其重要。

最后，清理过的模型需要重新定位中心枢轴，点击“修改—中心枢轴”命令以完成。中心枢轴归位有利于平移、缩放、旋转等操作。在旋转模型时，有时候需要中心枢轴在某一个特定位置，而不是在默认的物体中心，这可以通过键盘或鼠标来移动模型的中心枢轴。(1)键盘方式：选择目标模型，点击左侧平移快捷图标，在键盘上按 Insert 键，再以鼠标左键在各个轴向上移动中心枢轴，完成后再次按 Insert 键。(2)鼠标方式：选择目标模型，点击平移快捷图标，在键盘上按 D 键，轴心图示会变化，以鼠标左键在各个轴向上移动中心枢轴，完成后再次按 D 键。

“软选择”是 MAYA 多边形建模方法中相当重要的一个辅助工具，它是配合平移、旋转和缩放工具使用的。只要双击左侧的平移工具图标，就会出现弹出窗口“工具设置”，找到“软选择”项后勾选它。或者在选择了目标模型后，点击 B 键，就自动加载了“软选择”，再次点击 B 键就退出。“软选择”以彩色渐变表示衰减区域，黄色表示低衰减区域，红色为中等衰减区，黑色表示高衰减区，黄色区域是受影响程度最大的区域。该受影响区域可以通过调整“衰减半径”数值来调节，或按住 B 键并向左或向右拖动鼠标左键调节受影响区域的大小，一般选择点为调整组件，不仅可以移动点，还可以通过缩放或旋转，获得更丰富的造型手段。“软选择”结合移动、缩放和旋转，可以做出各种各样的曲线造型，极大地增强了多边形建模能力。当然，柔滑的曲线造型需要预先把待加工模型的细分数加大到一个合理的数值，否则，只会出现折线状造型(见图 2－35、图 2－36)。

“软选择”还有四种衰减模式供选择，分别是体积、表面、全局、对象。软件默认的是体积模式，该模式是把作用力施加到模型上被选中的点的四周，不管模型上那些点是否是连续的(见图 2－37)。表面模式则只把作用力施加到被选中点的四周连续的点，不连续的点不受到影响，此处的不连续是指模型虽然被结合(Combine)成一个体块，但面是不相连的(见图 2－37)。在全局模式下，被结合成一个物体的多个不相连体块，其作用力的衰减

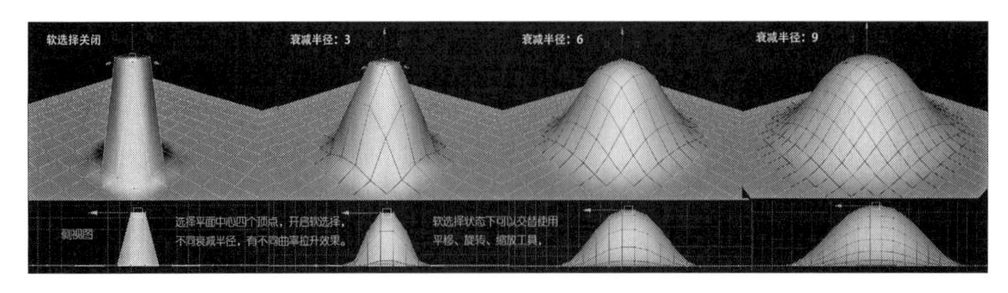


图 2－35

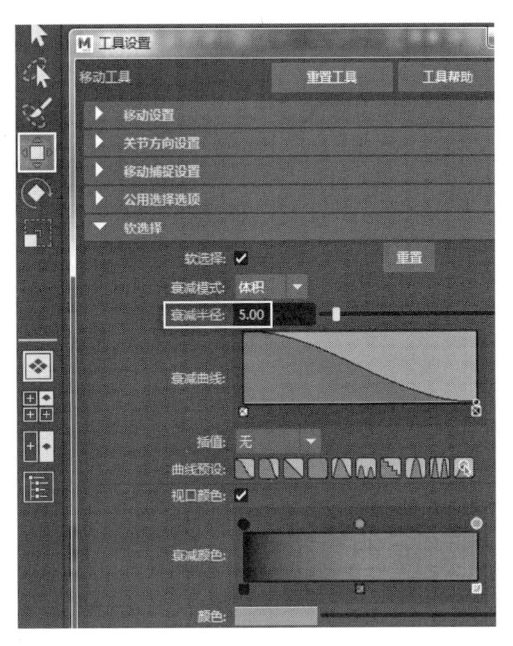


图 2－36

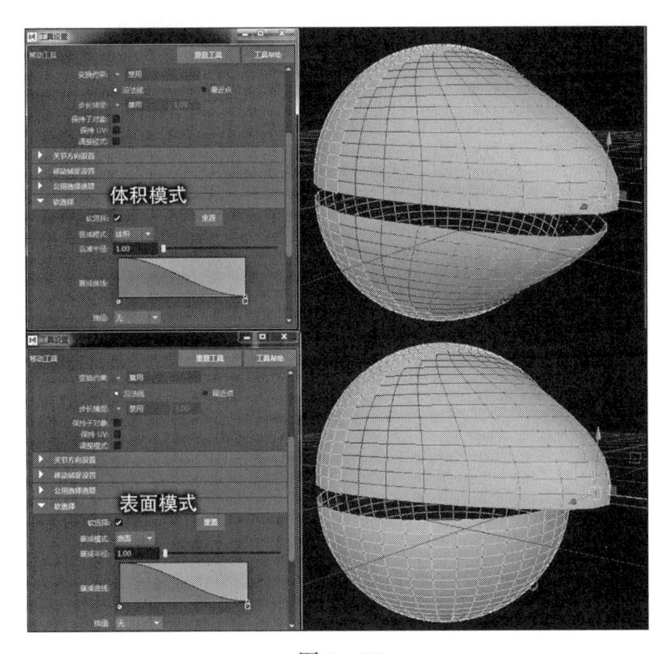


图 2－37

是全局体现的，多个体块犹如一个物体。如图 2－38 所示，在 16 个小球中，中间 4 个球的内侧数个顶点被选中，但其影响力扩散到周围小球，拉伸选中的顶点，就会依次拉起选中点周围小球的顶点。在对象模式下，这些不相连体块所受的作用力是单独体现出来的，这个模式的应用比较受局限。如图 2 - 39 所示，16 个小球的每一个都受到强大的影响力，每个球的移动是相同的。

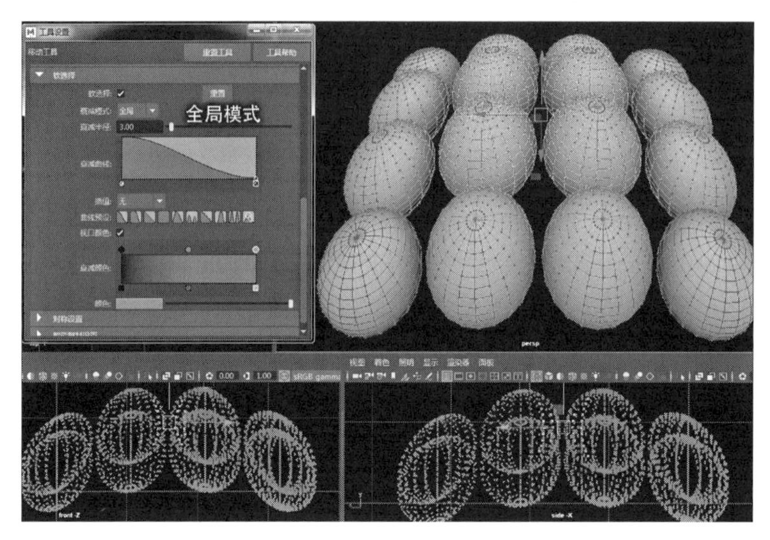


图 2 - 38

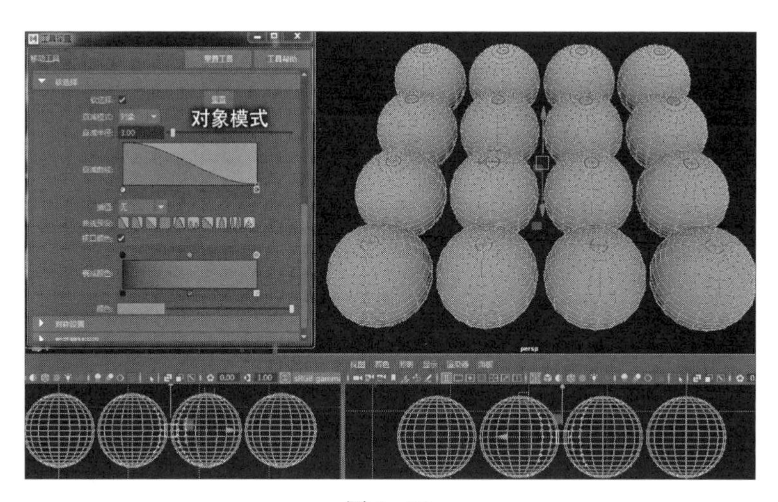


图 2 - 39

“选择”菜单下的“沿循环方向扩大/收缩”是一个提升操作效率的工具，应用于模型上顶点的选择。按住 Shift 键连续选好一圈的顶点后，点击该命令，软件就会自动选中点选的外圈顶点，继续点击，就可以继续选择外圈顶点。另外，如果需要快速地连续选择选中物体的连续边缘线，可以点击“选择—连续边”，或点击“网格工具—滑动边”，便可以高效地进行“偏移循环边”或“插入循环边”（见图 2 - 40）的操作。

多边形建模中的“结合”命令和布尔运算中的“并集”命令的差别主要在于合并后的多边形结构：以“结合”命令合并的多边形保持各自的结构，即使是重叠在一起；以“并集”命

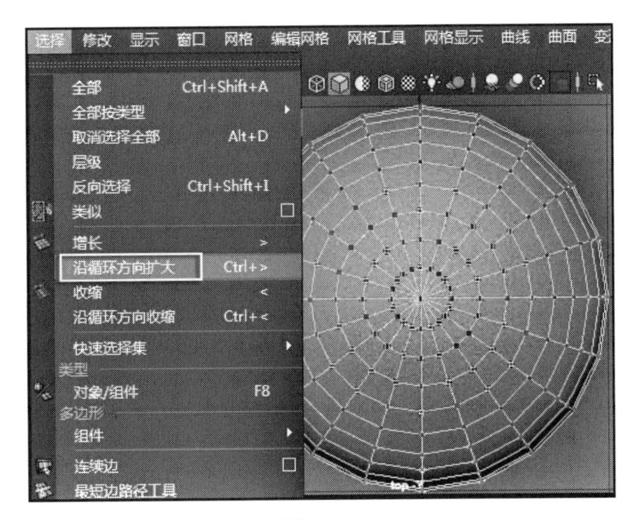


图 2-40

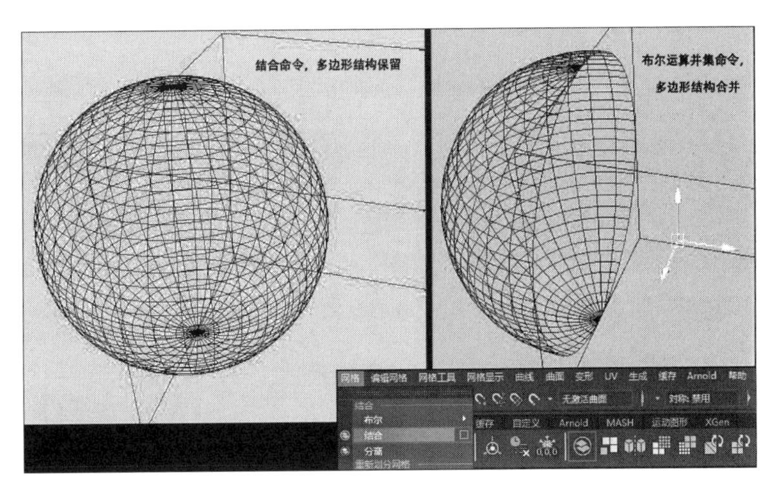


图 2-41

令合并的多边形则把重叠的结构合并，不会在内部保留其他结构（见图 2-41）。

在布尔运算中的“差集”命令中，交集类别中的“边”和“正常”选项所产生的结果完全不同。在圆柱体和平面进行差集运算后，如果是“边”模式，平面被柱体切割后，保留圆柱体的部分面；如果是“正常”模式，则平面完全被圆柱体切割，不留下圆柱体的任何面（见图 2-42）。

“非线性”建模工具（菜单“变形”下）有六项：弯曲、扩张、正弦、挤压、扭曲、波浪，其中的弯曲和扭曲工具在使用时要注意模型本身的分段数需要足够多，否则，变形后的体块曲线难以成形，即成折线状。与结合了“软选择”的多边形点线面拉伸建模方式相比，模板化的非线性建模方式存在灵活性和扩展性较差的缺点。另外一个多边形模型编辑工具（晶

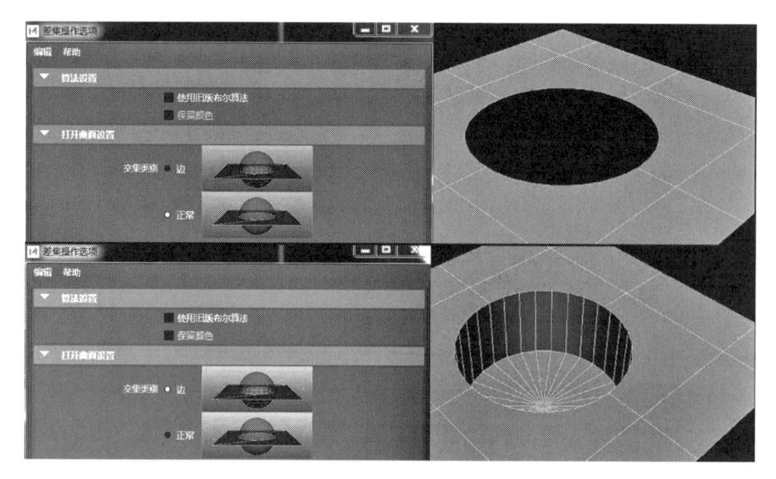


图 2 - 42

格)也存在着类似的缺点,也是在菜单“变形”下,“晶格”命令可以在多边形模型外面罩上一个网格框,该框的分段数可以设置,分段数越大,变形的结果越精细,当然也需要模型面数的配合。“软选择”编辑方式也比“晶格”编辑方式更具有优势(见图 2 - 43)。

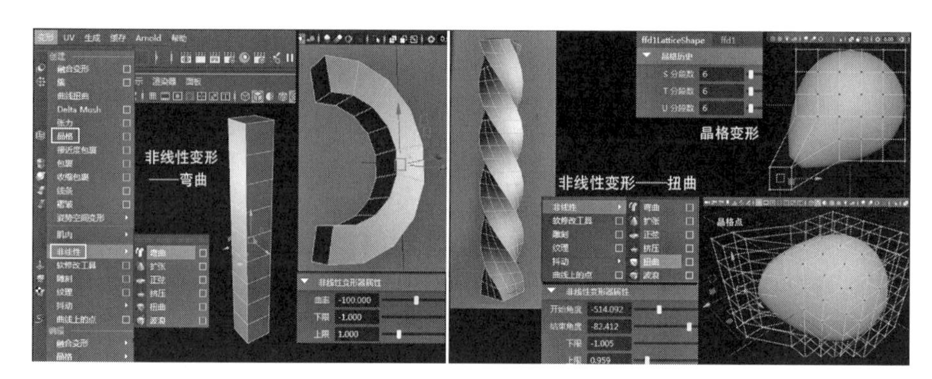


图 2 - 43

## 第六节　笔刷工具

### 1. 笔刷工具(Paint Effect)简述

Paint Effect 工具在功能上一直没有大的改进,尤其是在创建模型的精度和多样性、可编辑性方面,过去受制于电脑算力不允许植物笔刷有太多的表现力和精度,如今随着模型面数增多和精度增加,植物笔刷显得简单了。笔刷的操作比较简单,首先,让准备附着笔刷的多边形面处于选择状态,点击“生成—使可描绘”;然后,点击“获取笔刷”,在MAYA 自带笔刷模版中选择适合的笔刷,再点击“模版笔刷设置”,设置“全局比例”,或笔刷宽度、柔和度(这关系到创建出的笔刷模型的大小,也可以在画出笔刷后调节全局比例);最后,点击“生成—Paint Effect 工具”,界面左侧出现一个毛笔图标,鼠标光标成为红色圆圈,圆圈大小即笔刷大小。在合适部位刷上笔刷即出现模型,但该模型不能被 MAYA 渲染出来,只能出现在预览窗口(见图 2-44、图 2-45)。

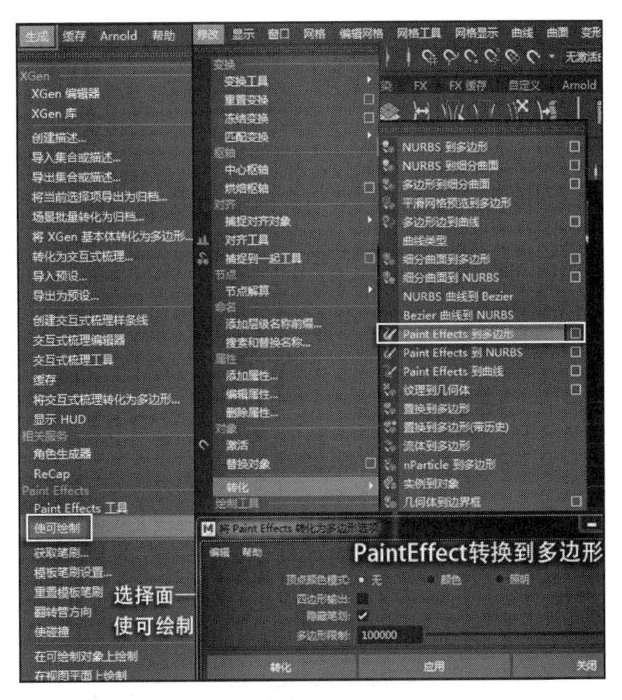


图 2-44

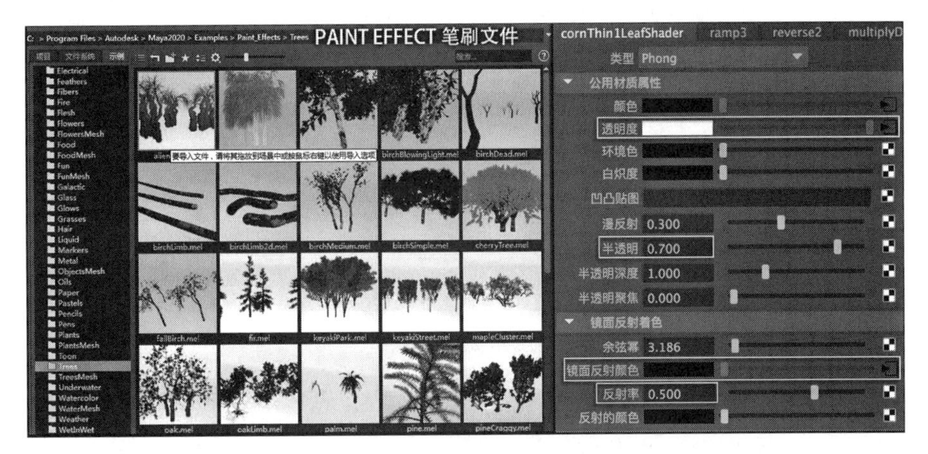


图 2-45

点击“修改—转化—Paint Effect 到多边形—右侧小方框”,在弹出的转化选项窗口,将边形限制从默认的 10 000 改为更高数值然后点击转化,具体数值需要根据笔刷模型的复杂程度,该数值决定转化出来的多边形面数,面数过少,模型渲染效果不够细腻,面数过多,则浪费电脑资源,可以先用低参数测试渲染。在预览窗口出现多边形的笔刷模型,打开大纲视图，可以看到原始笔刷文件依然还存在，如果不再修改重新转化，可以删除这个文件。打开 Hypershade 视窗，可以看到对应的笔刷模型的材质球，一般为 2—3 个，一个是茎、杆、枝材质，另一个是叶子材质，这些材质最好替换为自己新建设置好的 Arnold 标准材质，因为这些自带的笔刷材质全部是 Phone 材质类型，而且每个材质都设置了透明贴图、半透明度和 50％反射率，导致材质在 Arnold 渲染器中基本是透明的。有些带贴图的植物模型是通过透明通道来表现每片树叶形状纹理的，自己重设材质时需要导入原树叶贴图。提示一下，树叶材质需要设置一定比例的次表面散射(SSS)权重，带有透明属性的材质渲染不是 Arnold 的擅长(见图 2 - 46、图 2 - 47)。

图 2 - 46

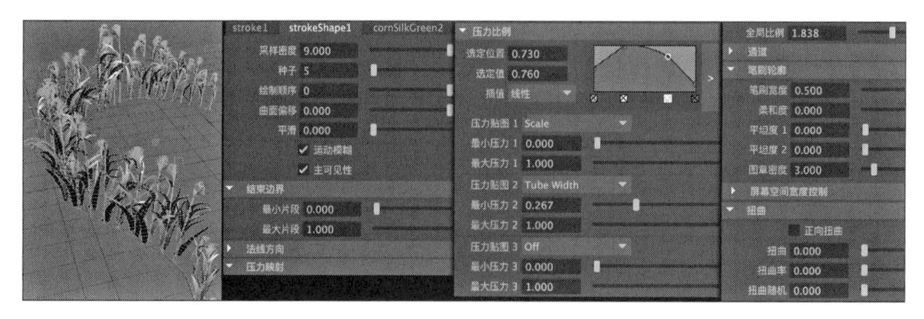


图 2 - 47

虽然在 Paint Effect 的属性编辑器中有栏目和较多参数去设定植物的枝干和树叶的造型、密度、纹理、颜色等，但总体而言，该模块的易用性和丰富性是不尽如人意的。第三方专门制作植物的软件相对更加强大，但一个渲染效果令人满意的树木模型的面数相当巨大，效率和质量很难调和。

在工业级别的高精度宏大场景的制作中，高效的 Instance 技术被用于主流渲染器（如 Arnold、Redshift），该技术的优点在于兼顾渲染速度和质量，缺点在于采样的局限性，其本质是以参考物体为样例，加入不同的地理位置信息，从而快速计算出大范围物体的分布数据，但参考物体的属性决定了大部分渲染的属性。也有人用粒子系统的 Instance 技术来制作有巨量树叶面数的树林，可以更快的渲染速度取得相同的渲染效果，但这个需要运用表达式或 mel 语言。

### 2. 笔刷工具实例

以下是一个简单版的藤叶植物生长动画设置流程，可以帮助我们全面而快速地了解笔刷工具的基本功能和使用流程。

（1）创建一个多边形圆柱体，开启吸附工具，用 EP 画线工具在圆柱体上画出随机曲线，圆柱体需要足够密的分段数和交点供曲线吸附。

（2）选择圆柱体，点击“使可绘制”，打开“获取笔刷”，选取需要的笔刷模版，点击“Paint Effect 工具”，用笔刷画出一段笔刷物体，根据与圆柱体的比例关系，以“全局比例”调节笔刷物体大小。

（3）点击“生成—曲线工具—将笔刷附加到曲线”，选择曲线上生成的笔刷物体，在右边属性编辑器的“Strokeshape”栏下，调节“采样密度”“种子”“压力比例”，在“压力比例”的压力贴图 1 选项下，选择 Scale，可以在曲线图上设定变化曲线。在旁边栏目下调节“笔刷宽度”“扭曲”等。

（4）滑动“结束边界—最小片段/最大片段”的数值，可看到笔刷物体始末端的变化，结合关键帧设置（Set Key），可以让笔刷物体的出现具有动画效果，打开动画编辑的曲线图编辑器，可以进一步调整动画效果的快慢节奏（见图 2－48、图 2－49）。

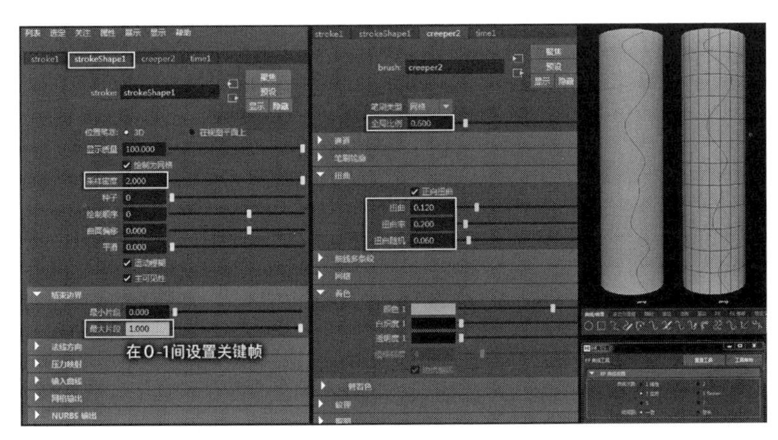


图 2－48

图 2-49

# 第三章

# MAYA 材质

## 第一节 MAYA 材质概述

接下来进入材质编辑阶段，该阶段和建模阶段同等重要，同样需要花费大量精力，如果说建模阶段是搭建骨骼，材质阶段就是赋予肌肉和皮肤，这个阶段更需要美术基础和艺术鉴赏力，也更能决定作品的艺术性和视觉效果。

MAYA 的材质创建和编辑是完全在一个窗口（Hypershade 窗口）中操作完成的，打开该窗口最便捷的方法是点击 MAYA 界面顶端的快捷按钮，也可以在“窗口—渲染编辑器”菜单中打开 Hypershade 窗口。“Hyper”表示“超级、过度”；“Shade”是“阴影、遮蔽”的意思，在 MAYA 中的意思为着色器，是用来实现图像渲染的，以替代固定渲染管线的可编辑程序。着色器替代了传统的固定渲染管线，可以实现计算机图形学的相关运算，由于其强大的可编辑性，可以不受显卡的固定渲染管线制约而实现各种视觉效果。Hypershade 窗口是 MAYA 中处理材质相关信息的唯一编辑器（见图 3－1）。

图 3－1

Hypershade 窗口大致分四个区域。（1）材质浏览区。罗列出所有的材质，不管是否被应用，只要创建了就被罗列出来，也可以另外查看所创建的材质纹理或灯光，如果该区域太拥挤，点击菜单“编辑—删除未使用节点”，就可以一键清除多余的材质球。（2）材质列表区。排列出 MAYA 软件所有的材质类型和材质编辑节点，如果掌握该区域里的所有节点命令，理论上就可以创建出任何想要的材质。（3）节点编辑区。该区域是专业的材质师喜欢用的，NUKE、MAYA 软件作为节点式操作系统，体现出极其强大的功能性和操作便利性，而在材质编辑方面，就体现在这个图表区的节点式操作。ADOBE 公司的 PS、

PM、AE 等软件都是层式操作模式软件，而节点式操作模式更适合特大规模场景或复杂项目的制作，以及大团队的合作创作，节点式更便于项目管理和反复修改。(4)材质编辑栏。绝大多数人是在该区域编辑材质具体属性的，它是材质节点的菜单式显示，相比较节点图表显示，更多的人习惯于菜单式操作，但这类层式的显示编辑方式不适合做并行或并联式的属性编辑，只能做单线程的递进命令操作，而节点式可以实现并联式的属性链接，从而让更加复杂的材质属性能够轻而易举地实现。图表区和编辑栏区的材质信息是同步显示的，相互间可以切换操作，例如通过点击图表区的某个节点，可以针对右侧编辑栏中出现的信息进行修改(见图 3-2)。

图 3-2

在左侧的材质列表区，可以看到材质可分为 MAYA 材质和 Arnold 材质，从类别分，它们又分为材质、纹理、灯光、工具，在此窗口，灯光是被归类到材质的(关于灯光的具体内容讲解，本书在渲染部分展开)。MAYA 材质根据材质的生成特点又可分为贴图纹理和程序纹理。贴图纹理基本被用于对纹理分辨率要求不高的领域，如建筑效果表现或游戏角色场景等；程序纹理则被用于电影级别的动画场景或角色。它们之间的差别主要在于贴图纹理完全取决于贴图本身，纹理样式和分辨率都是固定不变的，要取得 4K 的渲染显示效果，其贴图就必须达到 4K 的显示标准；而程序纹理中的纹理样式可以根据属性编辑器中的众多参数变化而变化，几乎存在无限的变化可能性，尤其是结合数量众多的材质编辑工具，几乎可以创造出任何想要的材质纹理效果，而且这些纹理的分辨率是恒定不变的，不会因为渲染输出的尺寸变大而模糊。在 MAYA2017 版之前，MAYA 的自带渲染器是 MentalRay，当时，MAYA 的工程师团队制作并公布了 300 个材质球样本，这 300 种材质完全依靠 MAYA 自带的程序纹理和材质工具节点制作而成，这些材质充分展示了程序纹理的非凡创作潜力（参见彩插第 14 页的彩图 2）。

贴图纹理和程序纹理各有优缺点。贴图纹理是二维图片的纹理模拟，其优点是渲染速度快，操作简单快捷，纹理来源丰富多样，结合 Photoshop 软件可以有较大的修改余地，尤其是通过 UV 贴图编辑，可以反复而细致地编辑，做到准确地在特定部位贴特定的纹理。贴图纹理的缺点是在分辨率上有局限性，渲染图像不能超出图片本身的分辨率，否则，会模糊甚至出现马赛克，对于表现具有随机性的重复纹样，贴图纹理不具有效率。

程序纹理是数学模型和程序的视觉表现，它的优点在于，无论渲染图片的尺寸如何变化，其渲染分辨率是不变的，尤其适合表现那些具有随机性和重复性的纹理，程序纹理的修改或变化也非常便捷和直观，甚至可以在 Arnold 渲染窗口以动态的形式实时展现纹理的变化过程，如果能结合数量众多的材质编辑工具，可以创作出更多富有想象力的材质纹理，通过给那些决定纹理视觉效果的数据添加关键帧，就能实现材质纹理的动画表现。程序纹理的缺点是调试理想中的纹理可能总是不如人意，尤其在缺乏经验的情况下，毕竟，数字和视觉之间的匹配是很难的，另外，对于细节部位的特定纹理，程序纹理有时很难做到准确而高效。

MAYA 中的材质和光照是密不可分的，材质模型的设定根据光照的数学解析得出。相比较其他各家知名渲染器，如 Renderman、Mentalray、Vray、Redshift 等，Arnold 渲染器有自己的独特优势，在处理光照和材质方面，体现出强大的易操作性和高效、真实。在 MAYA2017 版之前，内置 MentalRay 渲染器使用的基本材质模型是 Lambert、Blinn、Phong，它们都是基于光照模型的数学函数。

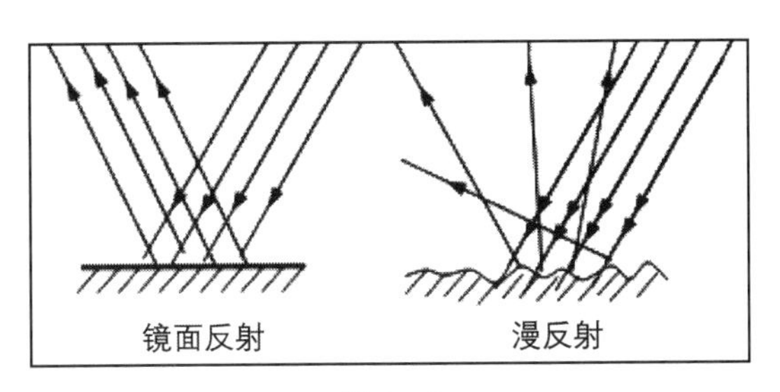


图 3 - 3

光线反射可分三种类型：漫反射、光滑反射和镜面反射。漫反射使反射光线均匀散布在表面点上方的半球中；光滑反射有方向，但并不被限制在单一的方向；镜面反射只向特定的某一方向反射光线，其入射角等于出射角。在计算机图形学中，光滑反射是使用微面（Microface）理论的典型模型。它假设光滑反射事实上和镜面反射是相同的，但反射表面不是平面而是由大量肉眼不可见的微面组成，并且微面和微面形成小的角度，所以，反射方向与镜面反射方向不同，结果看上去模糊。在现实世界中，物体表面会产生漫反射和镜面反射两种现象，因此需要使用两种模型分别计算两种反射后的光照，但这两个模型都是基于理想状况的。光源发出的灯光在材质表面反射，材质决定吸收灯光的什么分量和反射什么分量，材质本身是不具有颜色的，现实世界中我们看到的物体颜色不是属于物体的，而是光与其作用后反射的(见图 3－3)。

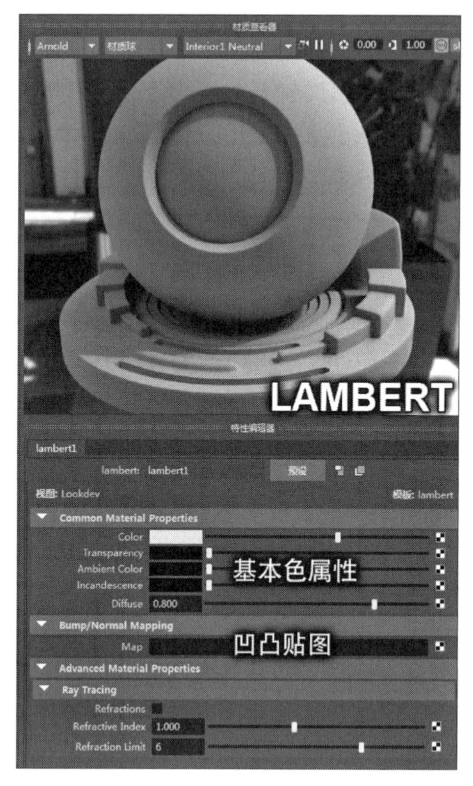


图 3－4

不同质地的物体对光线吸收的不同定量关系被科学家们关注且研究，皮埃尔・布格(Pierre Bouguer)和约翰・海因里希・朗伯(Johann Heinrich Lambert)分别在 1729 年和 1760 年阐明了物质对光线吸收程度和吸收介质厚度之间的关系。1852 年，奥古斯特・比尔(August Beer)提出光的吸收程度和吸光物质的浓度具有类似关系，两者结合就得到有关光吸收的基本定律——布格-朗伯-比尔定律，简称比尔-朗伯定律，适用于所有电磁辐射和吸光物质。

Lambert 材质是一个经典的光照模型，它是基于漫反射面的。漫反射的基本特点有两点：(1)反射强度与观察者的角度没有关系；(2)反射强度与光线的入射角度有关系。影响 Lambert 材质的因素只有漫反射系数和物体法线与光线的乘积，灯管强度的线性衰减非常光滑，从而产生一种无光泽的塑胶质感，适合表现任何表面粗糙、无高光、无反射的物体，如墙壁、泥土、紫砂壶等，其固有色是占主导的视觉印象，明暗过渡和缓而均匀，没有周围环境的反射，其亮部受光部分会受光源颜色的影响，物体不同部位的表面和灯光角度的关系决定了物体不同部位的色彩显现(见图 3－4)。

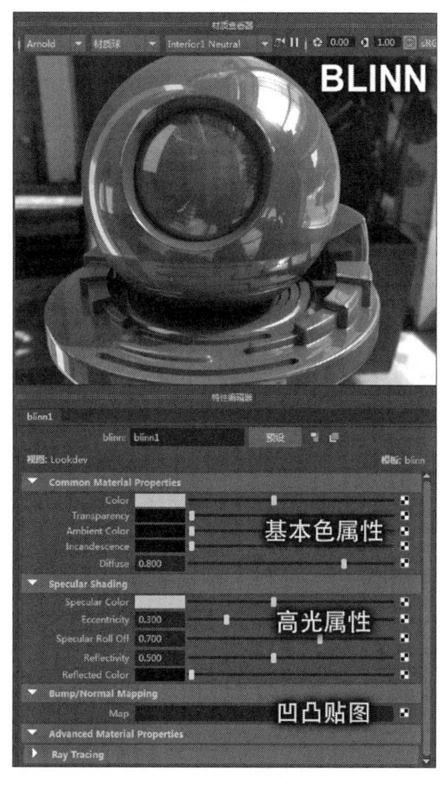


图 3-5

Blinn 材质是一个相对复杂的光照模型，由计算机图形学家 Blinn 提出。它使用了双向反射率和微平面法线，使高光边缘有一层比较尖锐的区域，适合表现具有比较光滑表面的塑料、家具、木地板、金属等物体，是一个使用率很高的材质模型，它具有很好的软高光效果，特别是具有高质量的发散性高光效果。与 Phong 材质不同，Blinn 的高光部分不仅依赖于灯光方向，也依赖于摄像机观看的方向。Blinn 模型可以描述物体表面的粗糙程度，表面越粗糙，观察角度越大，表面散射的光线就越多，也更能提高表现效果。当 Blinn 的 rough 值取一定的数值时，可转化成 Phong 材质；当高光系数设为 0 时，Blinn 退化为 Lambert 材质。相比较 Phong 材质，Blinn 材质的渲染效果会使高光更柔和。此外，Blinn 模型省略了计算反射光线方向向量的两个乘法运算，渲染速度更快，因此成为大多数 CG 软件默认的光照模型，在 OpenGL 和 Direct3D 渲染管线中，Blinn 就是默认的渲染模型，用于大多数图形芯片的实时快速渲染(见图 3-5)。

Phong 材质是一个更经典的光照模型，它加入了高光系数，这成为第三种影响渲染色彩的因素，在高光控制上用了幂，即法线与光线的点积的 n 次方，高光色彩不是产生线性的衰减，而是以余弦幂(cosine power)快速衰减，这样产生的高光区域面积可以用镜面指数(specular exponent)来控制，高光边缘比较平滑，有明显的高光区，适合用来表现极光滑的物体，如玻璃、瓷器、高反光金属等。PhongE 是一个简化版的 Phong 材质，其高光区域比 Phong 材质柔和，Roughness 控制高亮区的柔和度，高光边缘的尖锐或柔和程度就直接显示了物体的粗糙程度，Whiteness 控制高亮区的色彩，Highlight Size 控制高亮区的范围(见图 3－6)。

图 3－6

MAYA 自带的材质模型大致可以分为表面、体积、置换三类，体积和置换材质的应用不在本书范围内，不做阐述。表面材质可分为以下三类。(1)通用型：Lambert、Blinn、Phong、PhongE，这些材质可以用于 MAYA 渲染器和 Arnold 渲染器等第三方渲染器，但对于 Arnold 渲染器，还是建议使用该渲染器自带的材质及节点工具。(2)工具型：分层着色器、渐变着色器、表面着色器、着色贴图和使用背景，这些材质曾经构建了 MAYA 材质的强大编辑能力，层材质和渐变材质都是非常实用且强大的材质工具，但基于这些着色器的材质在 Arnold 渲染器中是无法被渲染呈现的，这就制约了这些着色器的使用。(3)特种材质：海洋着色器、头发着色器、各向异性，这些材质针对特殊类别物体，每个着色器中设置了详尽细致的各种属性调节，可以很高效地调出具有真实感的海洋、头发等材质，但这些材质也不能在 Arnold 渲染器中渲染呈现。Arnold 陆陆续续开发出一系列的着色器(Shader)和纹理(Texture)，着色器数量众多，但纹理数量相对于 MAYA 纹理就少了很多(见图 3－7、图 3－8)。

材质是指体现物体表面基本质感的材料，如木材、塑料、金属等。纹理是指附着于材

图 3－7

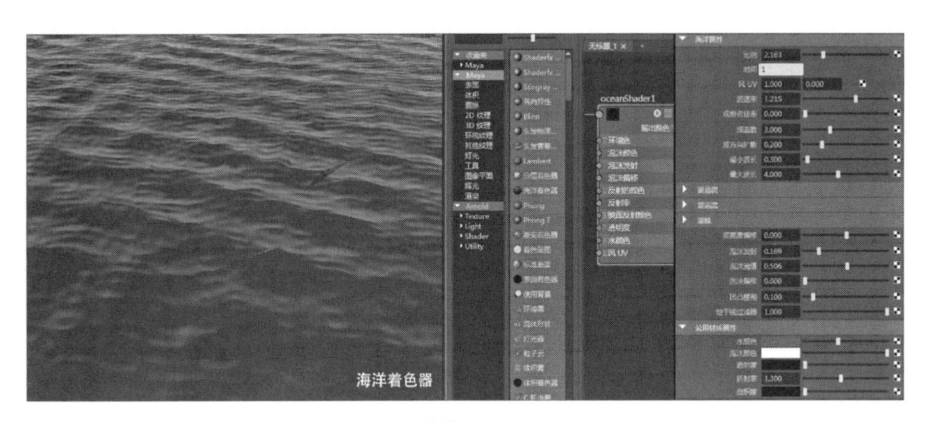


图 3－8

质的纹样或图案等视觉图样，如斑斓的大理石、布满年轮的木纹等。MAYA 提供了 26 种纹理，其中，10 种是 2D 纹理，11 种是 3D 纹理，5 种是环境纹理，1 种是分层纹理。2D 纹理和 3D 纹理都具有视觉表现力，不同之处在于：2D 纹理作用于材质表面，能够在 UV 编辑器中通过调整点线面或 UV 壳，进行贴图纹理的细致调整；3D 纹理是由一个三维坐标控制的，不能在 UV 编辑器中进行点线面和 UV 壳的调整，这似乎影响了精确性，但因为它是程序纹理，不存在纹理的差异性，只有随机性和普遍性，因此，三维程序纹理有其适用性。2D 纹理的位置和大小取决于 UV 投射方式和 UV 坐标；3D 纹理取决于一个独立的三维坐标，既可以在显示窗口中移动、缩放、旋转该坐标，也可以在右侧的属性编辑栏中修改数值以调整纹理分布(见图 3－9)。

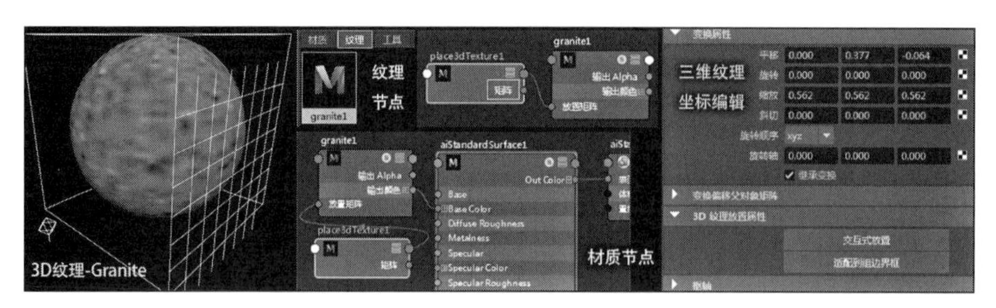


图 3－9

## 第二节　Arnold 标准材质

### 1. Arnold 标准材质的设置

Arnold 标准曲面材质(Ai Standard Surface)是一种基于物理的着色器，具有很多有意义的参数，可以调试出众多质感迥异的材质。它包括漫反射层、适用于金属的菲涅尔效应镜面反射层、适用于玻璃的镜面反射透射、适用于肌肤玉石的次表面散射、适用于水和冰的薄散射、次镜面反射涂层和灯光发射，Arnold 标准材质包含十个组件的多层次组合叠加，水平组件是混合关系，垂直组件是叠加关系(见表 3－1)。

表 3－1　Arnold 标准材质包含的组件

<table>
<tr><td colspan="6">镜面反射-涂层</td></tr>
<tr><td rowspan="3">自发光</td><td rowspan="3">镜面反射<br>-金属</td><td colspan="4">镜面反射</td></tr>
<tr><td rowspan="2">镜面反射<br>-透射</td><td colspan="3">镜面向后反射-光泽</td></tr>
<tr><td>漫反射</td><td>漫反射透射</td><td>次表面散射</td></tr>
</table>

Arnold 标准材质设定的关键参数几乎决定了一类基本类型材质，如金属度(Metalness)就决定了金属类材质，透射(Transmission)决定了玻璃、水等通透液体材质，次表面(Subsurface)决定了皮肤、玉石、树叶等半透光材质，薄壁(Thin Walled)则决定了纸、肥皂泡等极薄材质。以上参数数值如果在 0 和 1 之间滑动且相混合，则产生出更多的具有复合特性的材质。介于的参数值可用于创建由基本材质类型混合而成的比较复杂的材质(见图 3－10)。

Arnold 标准材质遵守能量守恒定律，其所有层保持平衡，使离开曲面的光量不超过入射光的量。但使用数值大于 1 的层权重或颜色时，能量守恒会被打破，它们的表现不可预料，导致噪点增加及渲染性能降低，建议不要创建此类材质。发光强度数值不在此列。

图 3－10

图 3－11

基础颜色(base color)权重默认值为 0.8,不同的权重值决定了该材质的基本明度,它是定义灯光在散射时未被吸收的 RGB 光谱的每个分量百分比。金属的基础颜色一般非常暗,但是生锈的金属需要一些基础颜色,通常需要贴图。在权重(Weight)栏导入贴图和在颜色(Color)栏导入贴图,意义完全不同。权重贴图决定产生色彩影响的力度,由贴图中的黑白明度决定,它可以决定颜色栏中的色彩或纹理明度分布;而颜色栏贴图只是如实地呈现图片中的色彩和纹理,它的呈现力度由权重栏决定。因此,在导入贴图前需要思考是在权重还是颜色中产生影响力(见图 3－11)。但对于有些程序纹理,在这两个栏中导入的效果是没区别的,如下面两图,一张是在权重栏导入棋盘格纹理,在颜色栏导入噪波纹理;另一张是在颜色栏导入棋盘格纹理,在权重栏导入噪波纹理,产生的结果是一样的(见图 3－12)。

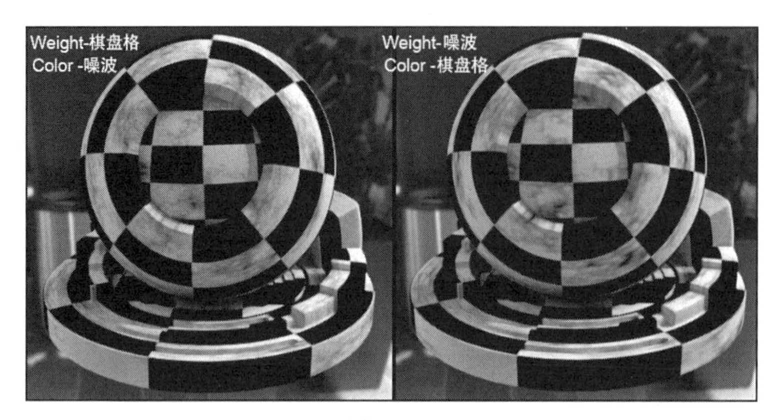


图 3 - 12

曲面粗糙度(Diffuse Roughness)决定材质的粗糙程度,默认值为 0。该数值在所有参数中存在感最弱,在镜面反射粗糙度(Specular Roughness)为 0 或默认值为 0.2 时,该数值设为 0 或 1,对于材质的粗糙度影响很微弱,只有明度上的微小变化(见图 3 - 13)。

图 3 - 13

金属度(Metalness)是一个重要参数,对于材质的视觉效果影响巨大。默认值为 0,当值为 1 时,使用完全镜面反射和复数菲涅尔,要表现极致光滑的金属质感,还需要将镜面反射粗糙度减小到 0。要表现清晰的镜子反射,另外需要将基本色权重(base_weight)设置为 1。启用 Metalness 时,specular_ weight 和 specular_color 仅控制边染色,当 Metalness 为 1 时,diffuse_roughness 自动失去影响,specular_roughness 继续产生重要影响力。除了对于高反射金属类物体,金属度对于微反射材质的真实表现也影响巨大,比如亚光木纹家具,可能金属度只需在 0.1—0.2 之间,配合 0.5 以上的 specular_roughness,就会产生逼真的模糊反射效果。另外,如玻璃、柏油马路等都需要赋予一定的金属度(见图 3 - 14、图 3 - 15、图 3 - 16)。

镜面反射权重(specular_weight)影响镜面反射高光的亮度。默认值是 1,大部分表面

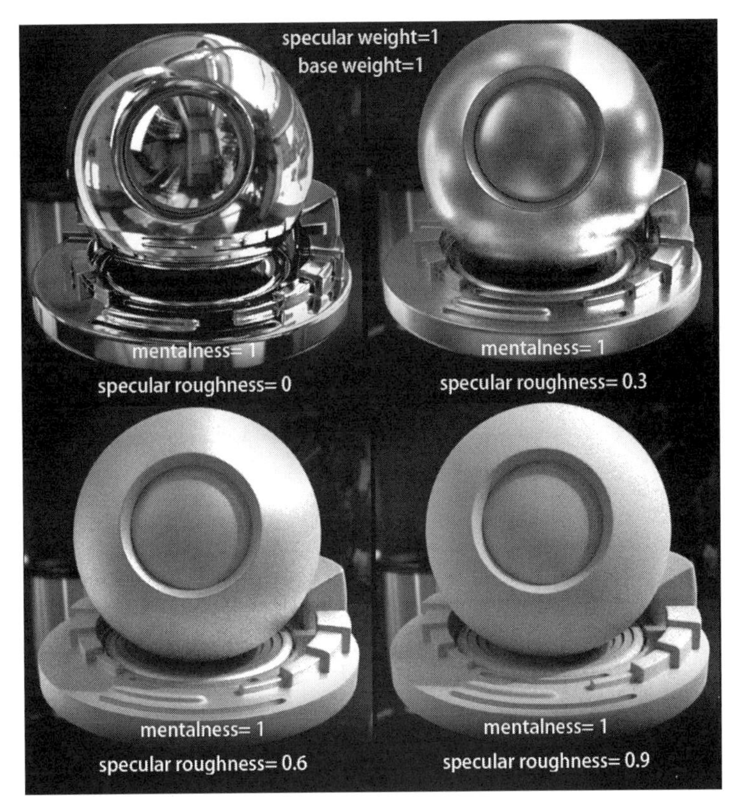


图 3 - 14

图 3 - 15

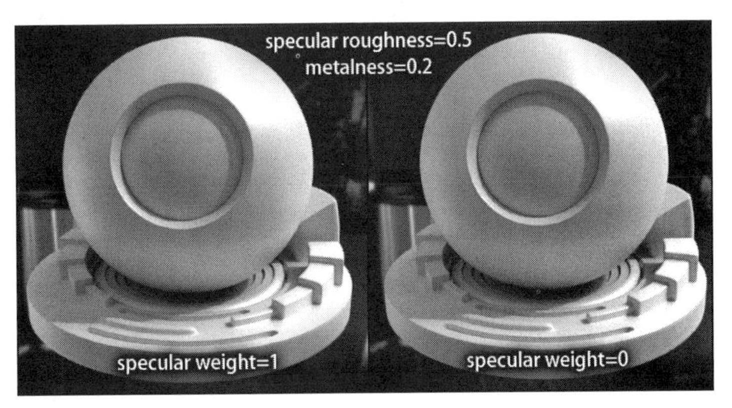


图 3 - 16

光滑的材质都可以设为1，表面粗糙的物体可以降低该数值，该数值对于材质的质感表现影响力不是很大(见图3-17)。

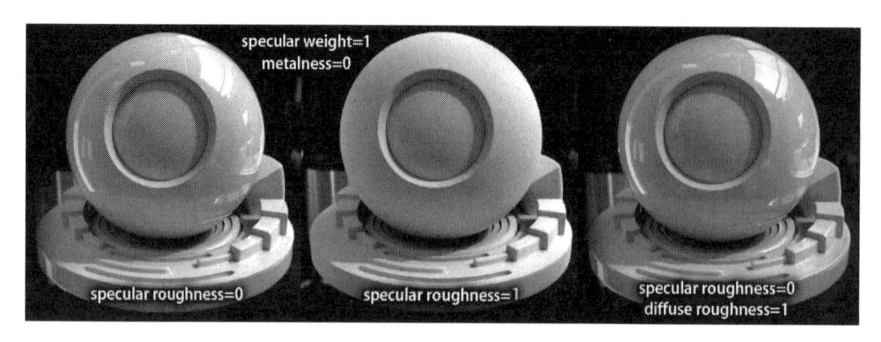


图3-17

镜面反射颜色(specular_color)用于调整镜面反射的颜色。一般金属材质使用明亮固有色为反射颜色，某些金属使用彩色镜面反射，而非金属曲面通常采用单色镜面反射颜色，一般为白色，非金属曲面通常没有彩色镜面反射。这个参数为数字艺术家提供了更多的自由度，因为反射颜色本来不应该另外赋予。

镜面反射粗糙度(specular roughness)控制镜面反射的光泽度。数值越小，反射越清晰。当数值为0时，会带来清晰的镜像反射效果；当数值为1.0时，则会产生接近漫反射的效果，默认值为0.2。该数值需要配合金属度使用，对于材质的质感表现影响巨大，即使金属度为0，在镜面反射权重为1时，镜面反射粗糙度还是能产生明显的高光质感表现力，此时的曲面粗糙度是0或1，对质感的影响力很弱，只是变得暗淡一点，这就是"微曲面"对镜面反射的影响，曲面的微小特征会影响光线的漫反射和反射，曲面越粗糙，反射光越发散。粗糙度不仅会影响高光亮度，还会影响其反射的清晰度(见图3-18)。

图3-18

还可以将二维图片纹理连接到着色器或导入程序纹理，以控制材质高光的效果。高光是关系物体材质表现的极重要的影响要素，需要重点关注和处理，镜面反射粗糙度会极大地影响镜面反射和折射。在材质属性编辑栏的“transmission”栏目下有一个“extra_roughness”参数，是用于为折射增加一些额外的粗糙度（如果需要），但也可以使用coat在清晰的折射上创建粗糙的反射层。

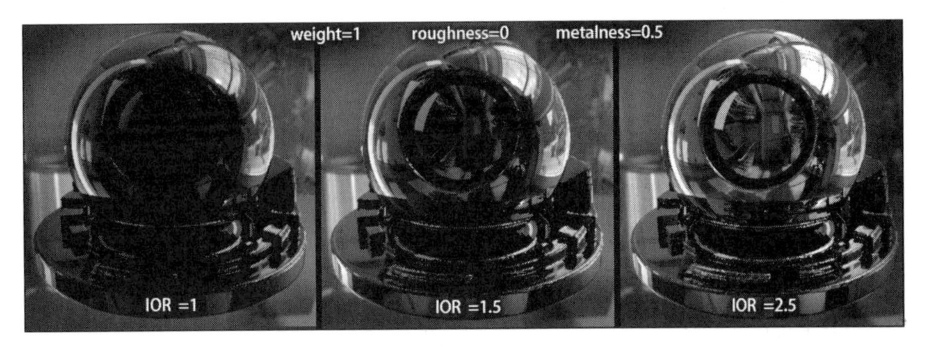


图3-19

镜面反射折射率（specular_IOR）定义了材质的菲涅尔反射率，并且在默认情况下使用角函数，IOR是在定义曲面上面向观看者的反射与曲面边上的反射之间的平衡，观看者可以看到反射强度保持不变，但前侧的反射强度会发生很大变化。通常，应该为塑料、玻璃或皮肤等材质（绝缘体菲涅尔）使用IOR，金属材质则使用metalness。另一个原因在于，metalness更易于设置纹理，因为它在0到1的范围内，并且在使用metalness而非IOR时，使用应用程序中的纹理最适合。默认值为1.5，真空的折射率是1.0，真空空间中IOR为1.0的对象不会折射任何光线（见图3-19）。

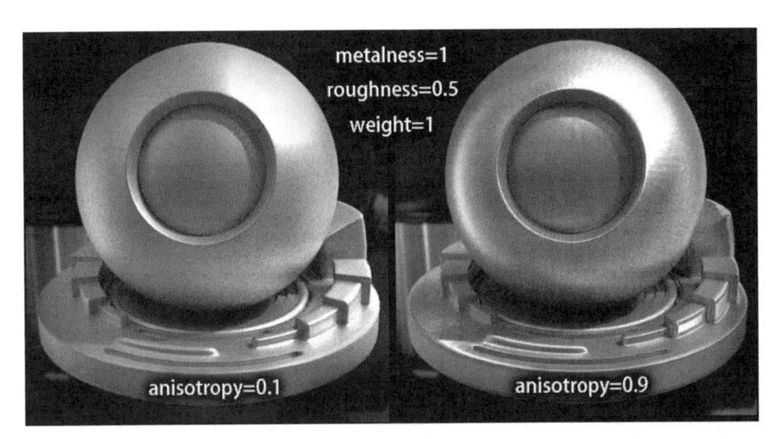


图3-20

镜面反射各向异性（specular_anisotropy）在反射和透射灯光时具有方向偏差，使得材质在某些方向上显得更粗糙或更光亮。各向异性（anisotropy）的默认值为0，表示各向同性。当控制柄接近1.0时，曲面将在U轴上变得更具各向异性，各向异性反射有助于形成拉丝金属效果。各向异性适用具有清晰笔刷方向的材质。例如，具有微小凹槽的拉丝金属。

使用各向异性时高光部分会出现分面现象，启用平滑细分切线（Smooth Subdivision Tangents）可以去除面状外观，这至少要求多边形网格中有一次细分迭代（见图 3－20）。

镜面反射旋转度（specular_rotation）可更改 UV 空间中各向异性反射的方向。当值为 0 时，不会出现任何旋转；当值为 1 时，呈现效果将旋转 180 度。对于采用拉丝金属的曲面，这将控制拉丝材质的角度。对于金属曲面，各向异性高光应在与拉丝方向垂直的方向上拉伸。可以将纹理指定给旋转。指定时，建议避免纹理过滤，这意味着禁用 Mipmap 和放大过滤器（默认情况下，该过滤器设置为“智能双三次”（smart bicubic））。

透射（transmission）是指允许灯光穿过玻璃或水等材质表面发生散射。透射权重（transmission_weight）表示光线穿透后发生散射的程度。

透射颜色（transmission_color）项会根据折射光线的传播距离过滤折射。灯光在网格内传播得越长，受透射颜色的影响就越大。因此，光线穿过较厚的部分时，绿色玻璃的颜色将更深。此效应呈指数递增，使用比尔定律进行计算。不建议透射颜色使用完全饱和的颜色，如果使用完全饱和的颜色，解释方式为允许所有红色灯光穿过，而不允许绿色和蓝色灯光穿过。如果透射颜色值接近 0，则网格内部非常密集以至于阻止所有灯光，之后将深度倍增设置为较小值可能不会产生较大的差异，因为深度还是很大。

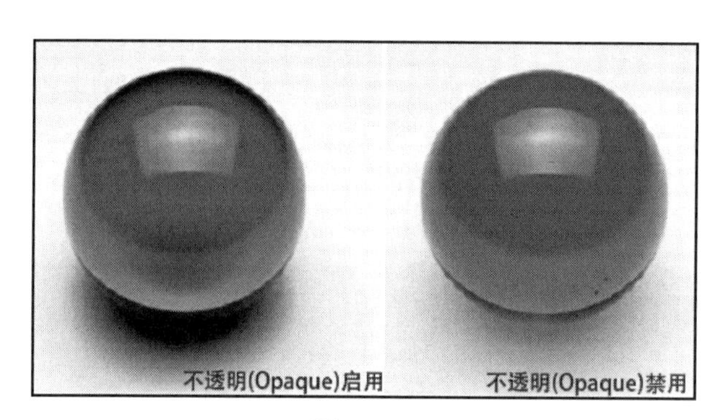


图 3－21

图 3－22

如果透射颜色值具有某种颜色，并且需要使用该颜色进行染色的阴影，则对指定了透射颜色着色器的网格禁用 opaque。在图 3－21 中可以看到，当启用 opaque 时，光线无法穿过球体，留下很深的阴影。反之，当禁用 opaque 时，光线可以穿过球体并吸收 transmission_color 设置的颜色，从而创建彩色阴影的效果。注意，除非启用 thin_walled，否则，透射颜色不适用于单面几何体（见图 3－21、图 3－22）。

透射深度（transmission_depth）控制透射颜色在体积中达到的深度。加大此值会使体积变薄，这意味着吸收和散射减少，它是一个比例因子。透射深度依赖场景比例，可以对其外观产生显著影响。投射颜色和深度控制了透射与吸收，并且与对象比例有关。如果场景比例太小，当 transmission_depth 为 1 时，transmission_color 会看起来不正确，因此，对于小物体，需要设置较小数值的深度；对于大的物体，则需要设置较大的深度。该数

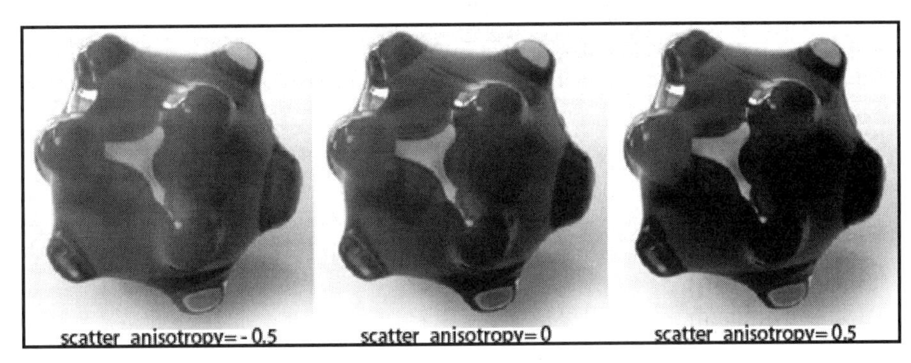


图 3－23

值会大大增加渲染时间。

透射散射（transmission_scatter）适用于各类稠密液体或者是足以使散射可见的足够多液体，如海洋、冰块或蜂蜜，一杯白开水是没有多少散射的。为了使散射发挥作用，应对该物体禁用 opaque，即应使物体保持透光状态。散射的启用会极大地消耗渲染时间。

透射散射各向异性（transmission_scatter_anisotropy）表示散射的方向偏差或各向异性。默认值 0 表示各向同性散射，灯光在所有方向上均匀散射。正值在灯光方向上向前偏差散射效果，负值则朝灯光向后偏差散射效果（见图 3－23）。

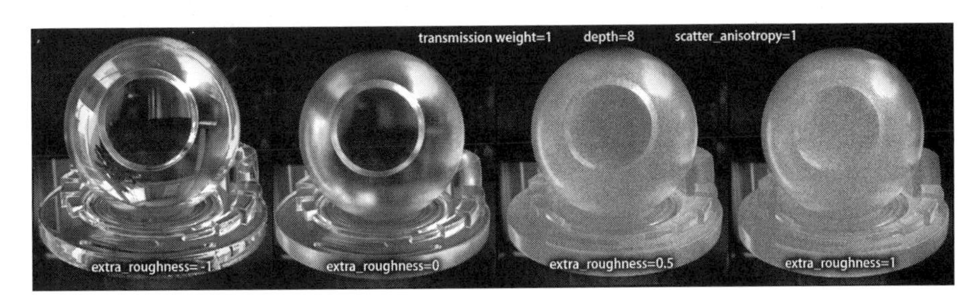


图 3－24

透射阿贝数(transmission_abbe)用来衡量光线色散程度,用于描述透明介质的折射率随波长变化的程度。阿贝数是德国物理学家恩斯特·阿贝发明的物理量,也称色散系数。介质的折射率越大,色散越多,阿贝数越小;介质的折射率越小,色散越小,阿贝数越大。对于钻石等宝石材质,此值通常介于 10 到 70 之间。默认值为 0,表示禁用色散。参数栏中预置了两个系数,分别是 diamond(钻石,数值 55)和 sapphire(蓝宝石,数值 72)。

透射附加粗糙度(transmission_extra_roughness)对使用各向同性微面 BTDF 所计算的折射增加一些额外的模糊度。范围从 - 1 到 1,其中,0 表示无粗糙度,如果值为负,透射粗糙度将低于反射粗糙度。其计算方式为:transmission_roughness = specular_roughness + transmission_extra_roughness。该选项也会让渲染时间大大增加(见图 3 - 24)。

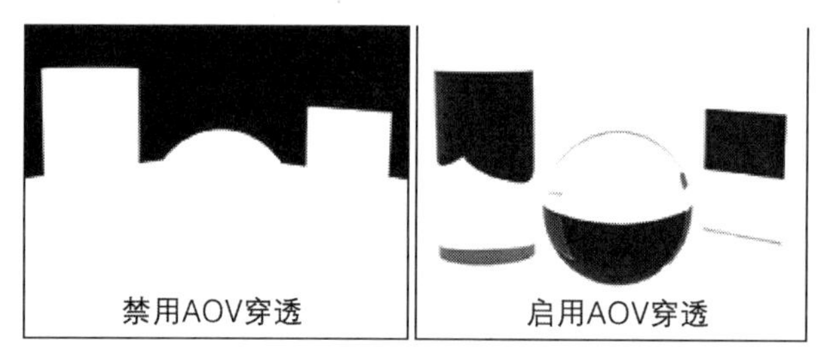


图 3 - 25

AOV 穿透(transmit_aovs)如果启用,透射将穿过 AOV。如果背景是透明的,透射曲面将变得透明,以便可以合成到另一个背景上。另外,透射还可直接穿过其他 AOV(无需任何不透明度混合),这可以用来创建 Alpha 遮罩(见图 3 - 25)。

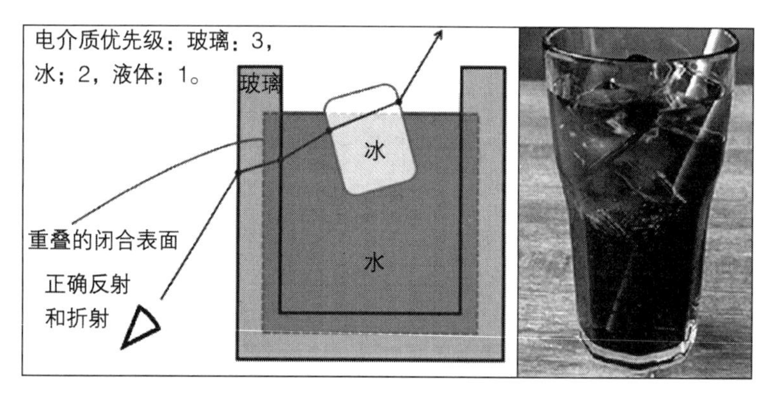


图 3 - 26

在现实世界中,当光入射到具有不同折射率(IOR)的两种透明介质之间的边界时,光会发生折射和反射。通常在渲染器中创建这样的场景是通过将玻璃和水建模为闭合的网格来实现的,这些网格是齐平的、相交的或具有气隙。以一杯水为例,涉及四种透明介质(玻璃、水、冰和周围的空气),它们都是由折射率(IOR)定义的电介质(见图 3 - 26)。在边界处随着光线通过界面传输,IOR 通常会从一个值跳到另一个值。在渲染该对象时,射线在每个介电边界反射或透射，并且每个表面的菲涅尔因数和折射方向由边界每一侧的IOR的比率确定。有的渲染器是显式地对各种接口进行建模，并为外部和内部的每个IOR指定IOR，这样做很不方便，尤其是在几何形状复杂时。另一种方法是使用明确的IOR为封闭网格建模，在它们之间放置空隙，以使它们不接触或重叠，但是由于光在气隙中产生相互反射，因此在物理上并不正确。

Arnold采用的方法是基于Schmidt和Budge于2002年发表的论文《光线跟踪图像中的简单嵌套介电体》，该方法将电介质建模为允许重叠的闭合表面，但是必须通过分配优先级来指定给定区域中存在哪些重叠表面。我们给每个介电介质分配一个整数优先级，然后在重叠区域中，最高优先级介质是唯一存在的介质，优先级解析后，光线从场景中反射并在幸存的界面上正确地反射和折射，并且随着光线的传播，介质的IOR被正确地"跟踪"了。这在物理上是正确的，且相对容易设置。

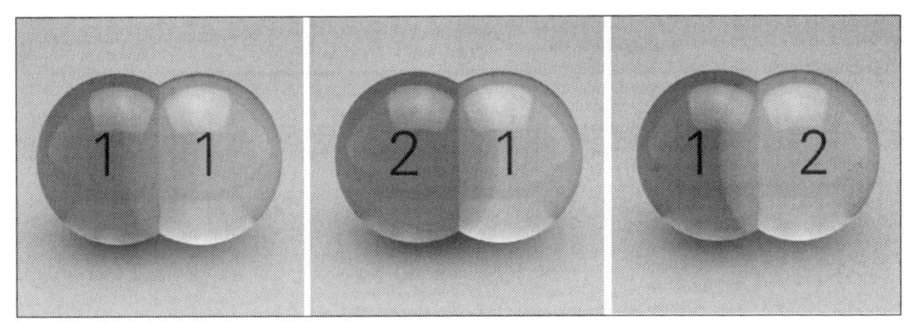


图3-27

当电介质对象重叠时，优先级较高的对象优先于优先级较低的对象。然后在给定的空间区域中存活的最高优先级介质将指定该区域中的介电特性。例如，优先级为2的玻璃与优先级为1的水重叠，则在重叠区域中，只有玻璃可以存留下来。对于具有内部吸收或散射介质的电介质，需要设置传输深度，如果优先级相同的电介质重叠，则它们的内部属性会合并。如图3-27所示，重叠的玻璃球与内部散射介质说明了优先级的基本效果。

图3-28

比如一杯威士忌，将威士忌扩展为与周围玻璃重叠，使威士忌的优先级低于玻璃。然后，玻璃杯中的威士忌酒边界仅充当“代理”网格，表明存在优先级较低的威士忌酒。我们还把威士忌酒的优先权放在冰上，根据所示的优先级，这定义了空间中每个点的正确的IOR(参图3-28)。

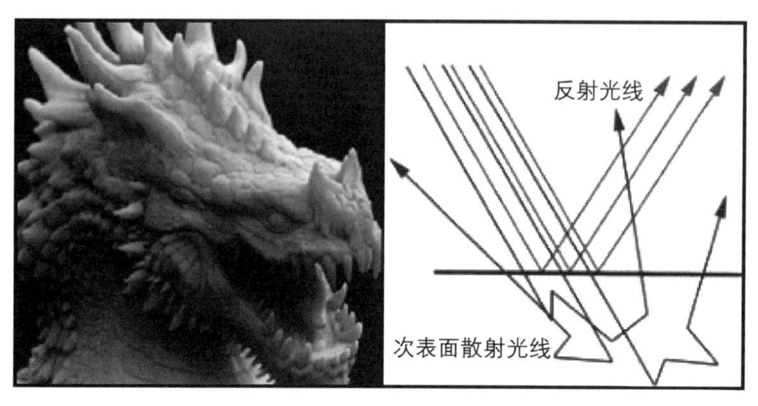


图 3-29

如前所述，低优先级的虚假接口被切除，光线有效地不受干扰地通过它们。因此，任何阴影参数仅在实际界面上生效。但是并非所有的着色参数在虚假界面上都被完全忽略，当光线进入电介质，仍会考虑定义内部的着色器参数。当 transmission_depth 为零时，透射颜色 transmission_color 仅用作表面色调出现在与玻璃重叠的液体边界上，因此会产生透明感。如果希望电介质具有内部吸收或散射，如橙汁、葡萄酒、蜂蜜、浑水等，需将透射深度 transmission_depth 设置为非零值。

次表面散射(Sub-Surface-Scattering, SSS)用于模拟灯光进入物体并在其表面下方散射的效果，并非所有灯光都会从表面反射回来，其中，有些灯光将穿透到照明对象的表面下方，这些灯光将会被材质吸收并在内部散射，一部分散射灯光将返回到表面之外，并对摄影机可见。次表面散射现象的模拟比一般的表面反射复杂很多，光线不仅在物体表面发生散射，而且会先折射到物体内部，然后在物体内部发生若干次散射，再从物体表面某一点射出，光线出射的位置和入射的位置是不一样的，而且每一点的亮度取决于物体表面其他位置的亮度、形状、厚度等，SSS组件将使用暴力式光线跟踪方法计算。一般的表面散射都是基于BSDF模型(双向散射分布函数)，而BSDF只能用于描述物体表面某一点的散射性质，它无法描述次表面散射这种现象。应用时必须确保模型的法线指向正确的方向，否则，SSS将无法正确渲染。要实现玉石、皮肤、树叶、蜡和牛奶等材质的逼真渲染，SSS必不可少(见图3-29)。

次表面散射权重(subsurface_weight)表示在漫反射与次表面散射之间的比例。设置为1时，只有次表面散射；设置为0时，只有 Lambert 漫反射。

次表面散射颜色(subsurface_color)用于确定次表面散射效果的颜色。例如，制作翡翠就需设定翠绿色次表面散射颜色，制作牛奶就要设定为奶白色。也可以将一个颜色纹理贴图连接到 subsurface_color，将次表面半径设置为适合皮肤的值，通常红色通道的值较大，因为一般认为红色主要来自血液，如果需要也可以对半径创建纹理。

次表面散射半径（subsurface_radius）影响光线在再度散射出曲面前在曲面下可能传播的平均距离。光线在曲面之下可以散射的大概距离称为平均自由程（MFP），可以分别为每个颜色分量指定这种距离效果。增大此值，材质的次表面散射效果会显得通透；减小此值，则会使材质显得浑浊。颜色越浅，散射的灯光越多。当值为 0 时，不会产生任何散射效果。SSS 非常依赖比例，需要根据模型的大小调整半径倍增（见图 3－30、图 3－31）。

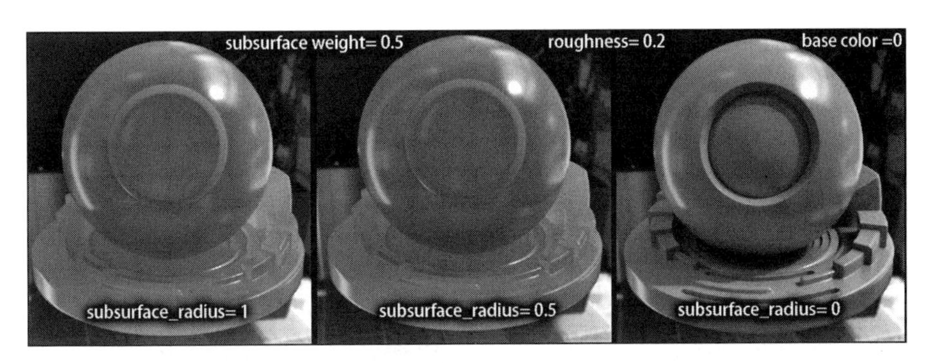


图 3－30

图 3－31

次表面散射范围（subsurface_scale）控制灯光在再度反射出曲面前在曲面下可能传播的规模。它将扩大散射半径，并增加 sss_radius_color。如果场景以米为单位，则可将“SSS 比例”（SSS Scale）设置为 0.01 来指定以厘米为单位的 sss_radius。例如，对于皮肤，sss_radius 可以是 0.37 cm、0.14 cm、0.07 cm（见图 3－32）。

次表面散射各向异性（subsurface_anisotropy）系数介于－1（完全背向散射）和 1（完全正向散射）之间。默认值 0 表示各向同性散射介质，在这种情况下，灯光在所有方向均匀散射，从而产生一致的效果。正值在灯光方向上向前偏差散射效果，负值则朝灯光向后偏差散射效果。此参数仅适用于“随机行走”（randomwalk）这种 SSS 方法（见图 3－33）。

次表面散射类型（subsurface_type）分为三种：

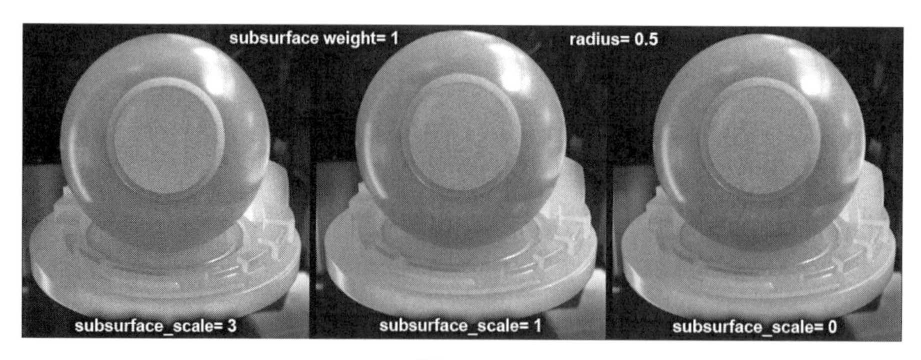


图 3 - 32

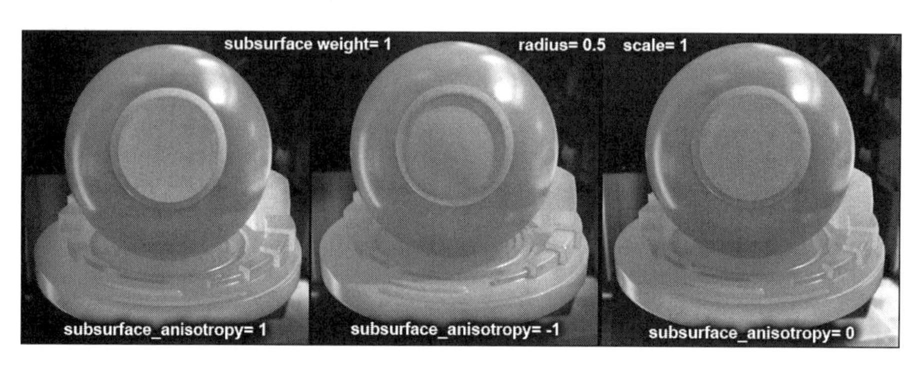


图 3 - 33

(1) 散射(diffuse)。使用单一层时,可以捕捉曲面细节和深散射。设计为非常接近完全 Monte-Carlo 模拟的特征,同时保留近似值,与完全随机行走相比,比较消耗渲染时间。使用该类型时,subsurface_anisotropy 参数不再起作用。

(2) 随机行走(randomwalk,默认值)。与基于漫反射理论的经验性 BSSRDF 方法不同,随机行走方法实际使用真实的随机行走在曲面下进行跟踪,并且不假设几何体是局部平坦的。这意味着它可以照顾到暴力式体积渲染这样的各向异性散射,并且在凹处和小细节周围生成的效果要好得多。另外,对于较大的散射半径,它也比漫反射要快得多。但是,随机行走在致密介质中的速度更慢,不支持使用 sss_setname 将两个曲面融合在一起,可能需要重新整理材质才能获得相似的外观,并且对非闭合网格、"开口袋"和可能会投射阴影的内部几何体更加敏感。

(3) 随机行走 v2(randomwalk V2)。此方法可穿过高度透明的对象更加准确深入地进行散射,从而产生 SSS,且对象的精细曲面细节和背光严重的区域周围的颜色更加饱和,但是渲染的时间和噪波将会成倍增加,不建议使用(见图 3 - 34)。

涂层(coat)用于为材质添加涂层,它为其他材质充当附加外层,可以视作 MAYA 过去的多层材质的简化版,比如汽车的高反光金属漆外层、木板外清漆或污渍金属、皮肤的光泽层等都可以用涂层来表现。涂层模拟吸收灯光并对所有透射光进行染色。金属往往会过滤它们反射的任何颜色,即使是在掠射角处也是如此,因此,渲染裸金属时涂层权重

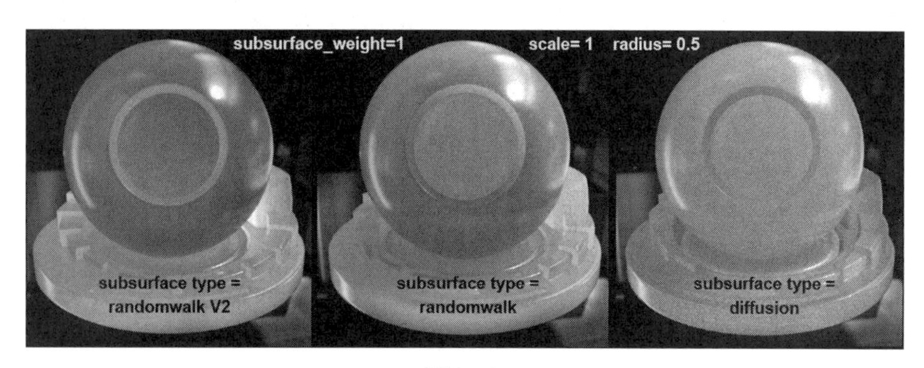


图 3 - 34

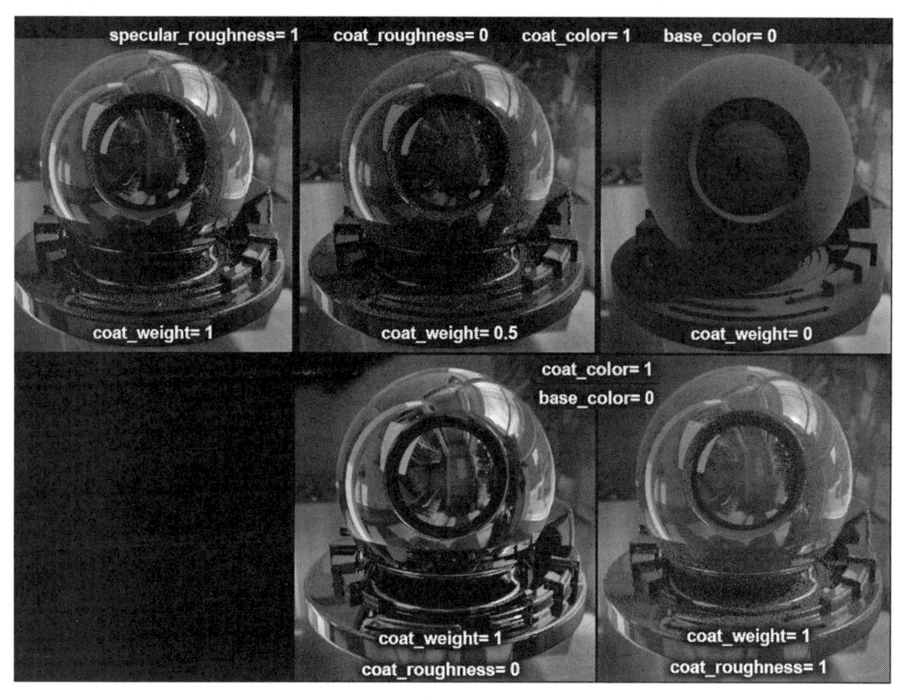


图 3 - 35

应设为 0(见图 3 - 35)。

涂层颜色(coat_color)是影响 base_color 的纹理贴图或颜色,可以将贴图或纹理应用于 coat_color,也可以将纹理贴图连接到 coat_weight 来定义涂层如何影响 base_color,coat_color 也可以用于为蒙板纹理设置层(见图 3 - 36)。

涂层粗糙度(coat_roughness)控制镜面反射的光泽度。值越小,反射越清晰。对于两种极限条件,值为 0 将带来完美清晰的镜像反射效果,值为 1 则会产生接近漫反射的反射效果。可在此处导入贴图或纹理,控制涂层高光的变化(见图 3 - 37)。

涂层折射率(coat_IOR)定义了材质的菲涅尔反射率,定义了曲面上面向查看者的反

图 3－36

图 3－37

射与曲面边上的反射之间的平衡，并且在默认情况下使用角函数，即反射强度保持不变，但前侧的反射强度会发生很大变化(见图 3－38)。

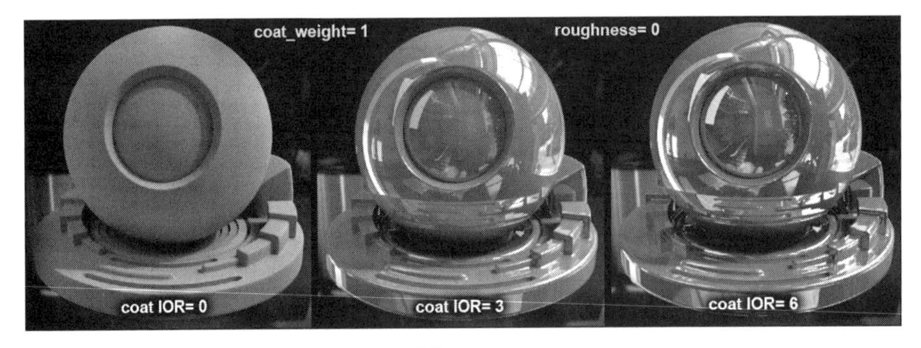


图 3－38

因为在反射和透射灯光时具有方向偏差，使得材质在某些方向上显得更粗糙或更光亮。涂层各向异性(coat_anisotropy)的默认值为 0，表示各向同性。当移动控制柄接近 1 时，曲面将在 U 轴上变得更具各向异性。各向异性适用于具有清晰笔刷方向的材质，如具有微小凹槽的拉丝金属(见图 3－39)。

涂层旋转值(coat_rotation)将更改 UV 空间中各向异性反射的方向。当值为 0 时，不

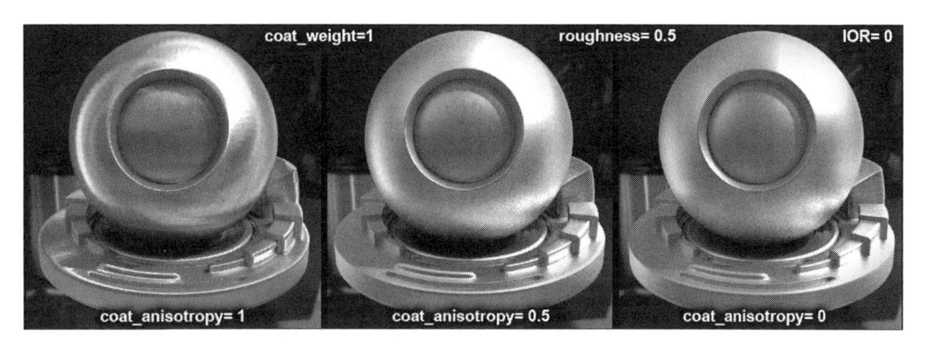


图 3－39

会出现任何旋转；当值为 1 时，呈现效果将旋转 180 度（见图 3－40）。

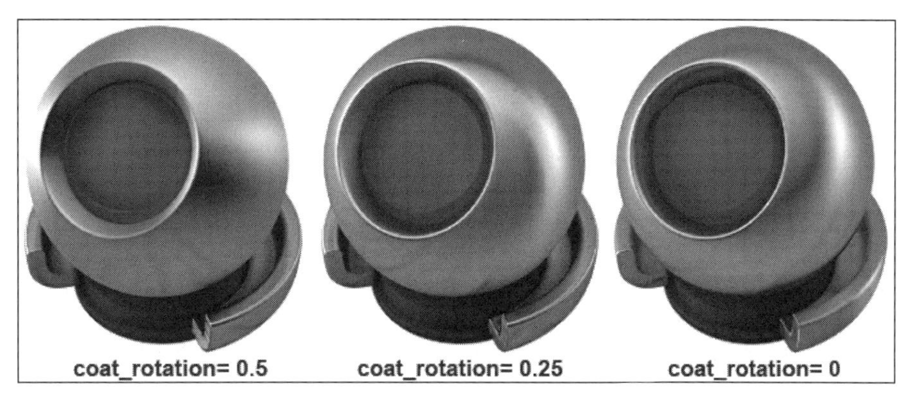


图 3－40

涂层法线（coat_normal）影响涂层在基础上的菲涅尔混合，因此，根据法线的情况，从特定角度看到的基础会较多或较少。coat_normal 可以用于较平滑基础上的凹凸不平的涂层。这些用法可以包括下雨效果、碳纤维材质着色器或汽车涂料着色器，在这些情况下，可以为涂层和基础层使用不同的法线。coat_normal 适合层可能不平坦的情况，例如，潮湿层、街道的雨或食物上的玻璃，图 3－42 是使用光泽纹理贴图通过凹凸着色器连接到 coat_normal 表现水坑（见图 3－41、图 3－42）。

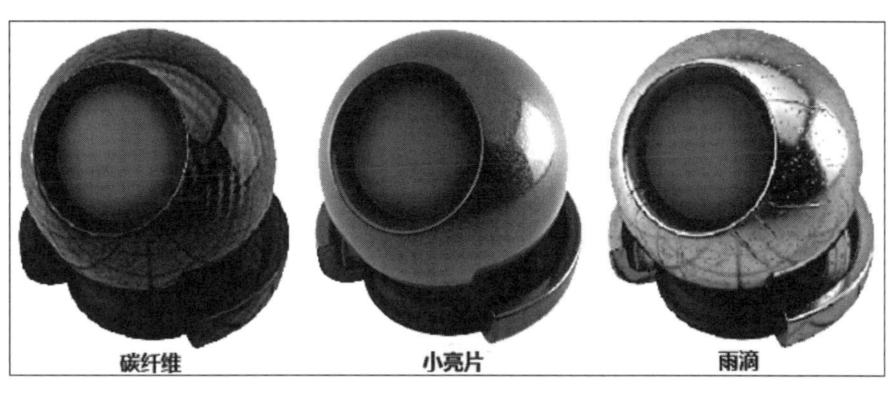


图 3－41

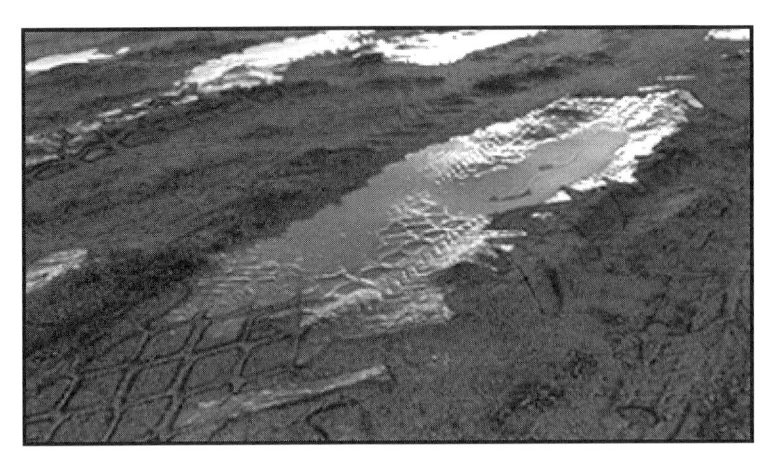

图 3－42

指定 coat_normal 后，它只影响涂层，而不影响其下面的任何层（漫反射、镜面反射、透射），这为制作复合层材质提供了另一种方法（见图 3－43）。

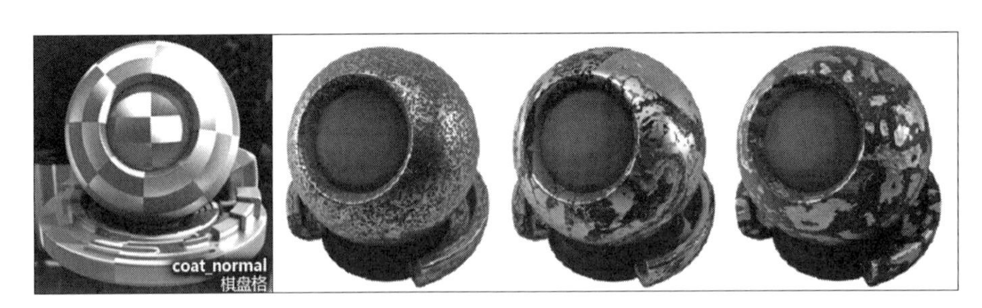


图 3－43

光泽（sheen）是 Arnold 专门推出用于布料渲染的一款节能着色器，可以用来模拟微细纤维外观，如桃毛和天鹅绒等，适合布料材质特性。Sheen 会分层于漫射部分，它的权重由这个属性决定，可以被认为是密度和纤维长度的组合。

光泽权重（sheen_weight）表示材质表面的光泽程度。

光泽颜色（sheen_color）表示材质的颜色。

光泽粗糙度（sheen_roughness）用于调节微纤维偏离表面法线方向的程度。Sheen 粗糙度会随机化纤维方向（见图 3－44、图 3－45）。

自发光权重（emission_weight）可控制自身发射的灯光量，自发光会产生噪波，尤其是在光源微弱的情况下。不建议用它来照明空间环境，仅适合用于自身的亮度表现，比如在室内空间中，用来表现灯具本身的发光区域，而照亮周围空间环境的是 Arnold 面光源或 Meshlight。自发光颜色（emission_color）是指发射的光线颜色。如果发光强度较大，该光源本身颜色转为纯白，但保持发射出色光（见图 3－46）。

薄膜厚度（thin_film_thickness）定义薄膜的实际厚度，介于指定的最小厚度和最大厚

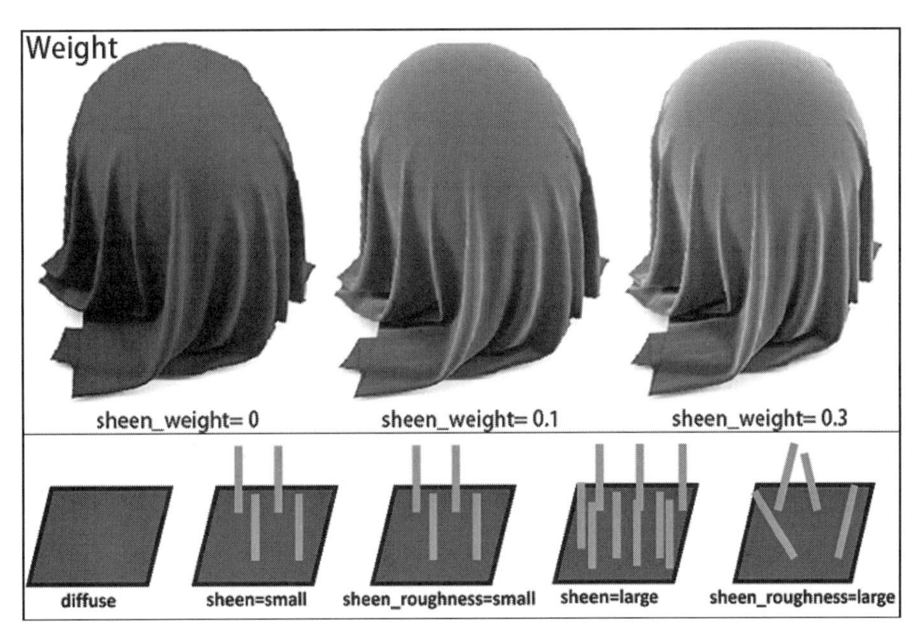


图 3－44

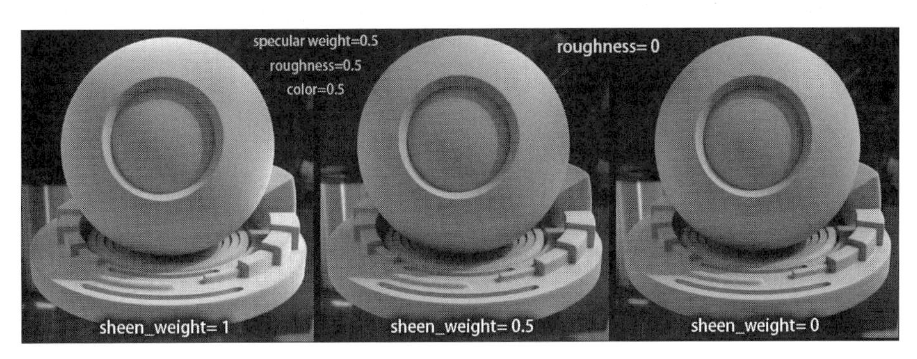


图 3－45

图 3－46

度(0 到 2000)之间,这将影响镜面反射、透射和涂层组件,这类似于噪波贴图,为干涉效果带来一些变化。如果厚度增加(如 3000 nm),彩虹色的效果将消失,这是物理上正确的行为。

薄膜折射率(thin_film_IOR)指材质周围介质的折射率。空气的 IOR 通常设置为 1。水的 IOR 为 1.33,肥皂的 IOR 约为 1.5。因此,肥皂泡的 IOR 应位于 1.33 到 1.4 的范围内。不同的 thin_film_IOR 数值产生不同的色彩变幻,具体实例请看彩插第 13 页的彩图 1。

几何体(Geometry):

薄壁(Thin Walled)可以提供从背后照亮半透明对象的效果,着色点由指定的一部分灯光照亮,灯光会在该点照射到对象的背面。此功能适合用于较薄的单面几何体,例如气泡,具有厚度的物体难以正确渲染(见图 3-47)。

图 3-47

不透明度(Opacity)定义材质的透明程度,建议和模型的不透明度(Opacity)配合使用。开启该选项会显著增加 Arnold 渲染时间(见图 3-48)。

图 3-48

凹凸贴图(Bump Mapping):该选项的具体应用在其他章节展开。

各向异性切线贴图(Anisotropy Tangent)定义输入向量应用到的切线坐标系,为镜面反射各向异性着色指定一个自定义切线,可在此处连接切线贴图。

高级选项(Advanced):

焦散(caustics)用于指定漫反射反弹之后是否启用镜面反射反弹或透射反弹。由于焦散容易引起噪波，默认情况下处于禁用状态。要控制焦散产生的噪波，需要增加非直接高光模糊(indirect_specular_blur)全局设置，这将通过模糊输出焦散来减少噪波，但会牺牲精确度。如果在启用了 caustics 时使用较高的 specular_weight 和较低的 specular_roughness，可能会出现高亮杂点。要减少噪波，可增加 specular_roughness 或 indirect_specular_blur 全局参数。渲染眼睛时，外角膜着色器启用了焦散的效果，使真实感更强。使用焦散时，Arnold 将需要大量漫反射采样才能实现清晰的图像，因此需要的渲染时间会增加，默认为关闭，启用此功能时应谨慎。

内反射(internal_reflections)：光线折射深度大于 0 时，在当前的光线中，至少跟踪一条折射光线，取消内部反射将禁用间接镜面反射和镜像全反射计算。在图 3－49 左侧图中，球体显示为黑色，因为在指定的 standard_surface 着色器中，internal_reflections 已禁用。

图 3－49

返回背景(exit_to_background)将导致 standard_surface 着色器在满足最大 GI 反射/折射深度时，跟踪背向背景/环境的光线，并返回背景/环境中在该方向上的可见颜色。禁用此选项时，路径将终止，并在达到最大深度时返回黑色(见图 3－49)。

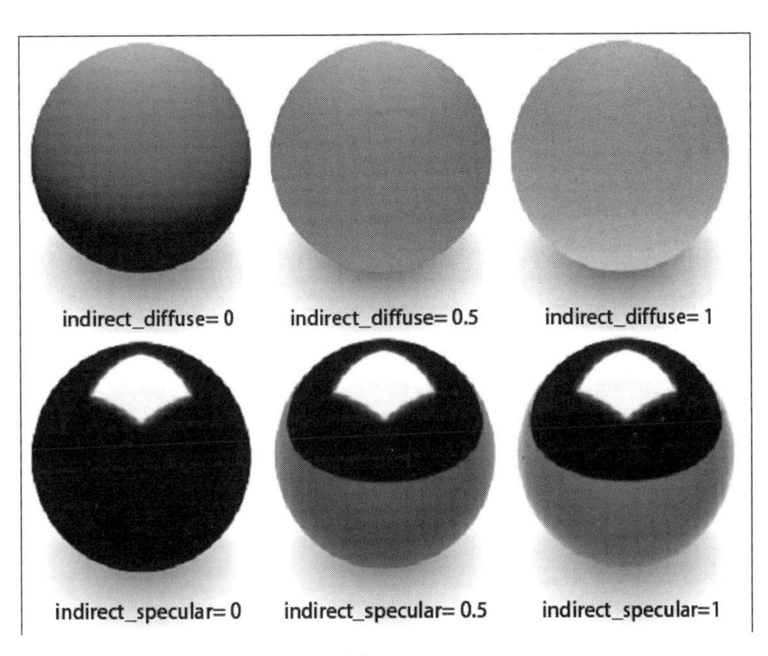


图 3－50

间接漫反射(indirect_diffuse)是指从间接光源接收的漫反射光照，该数值默认值为1，处于启用状态，建议不要调整降低，除非刻意不要物理真实的光照反射。

间接高光(indirect_specular)是指从间接光源接收的镜面反射光照。该数值默认值为1，处于启用状态，建议不要调整降低(见图 3-50)。

2. Arnold 材质示例

创建 aistandardsurface 材质时，在 Hypershade 的特性编辑器的“预设”栏中，提供了29种不同材质，下面就部分具有典型性的材质参数设置做一些提示，希望有助于加深对 Arnold 材质编辑参数的理解。

(1) 亚光金属材质：Base_Weight：1；Metalness：1；Specular_Weight：0；Specular_Roughness：0.25。该材质依靠 Base_Color 权重，彻底去除了高光的影响，同时把金属度设为最高，高光粗糙度参数决定了该金属的粗糙(亚光)程度，是一个非常敏感和重要的参数(见图 3-51)。

(2) 铜材质：Base_Weight：1；Metalness：1；Base_Color：金黄；Specular_Weight：1；Specular_Color：淡黄；Specular_Roughness：0.25。该材质以铜特有的金黄色定义了固有色和高光颜色，基本色权重和高光权重都设为最高，同时把金属度设为最高，极其重要的高光粗糙度为 0.25(见图 3-51)。

图 3-51

(3) 铬材质：Base_Weight：1；Metalness：1；Base_Color：1；Specular_Weight：0；Specular_Roughness：0；Specular_Anisotropic：0.5。相比较前面的亚光金属，该材质最主要的不同在于高光粗糙度以及各向异性数值，前者导致了镜面反射，后者加强了金属感(见图 3-52)。

(4) 汽车金属漆材质：Base_Weight：0.8；Metalness：0.5；Specular_Weight：1；Specular_

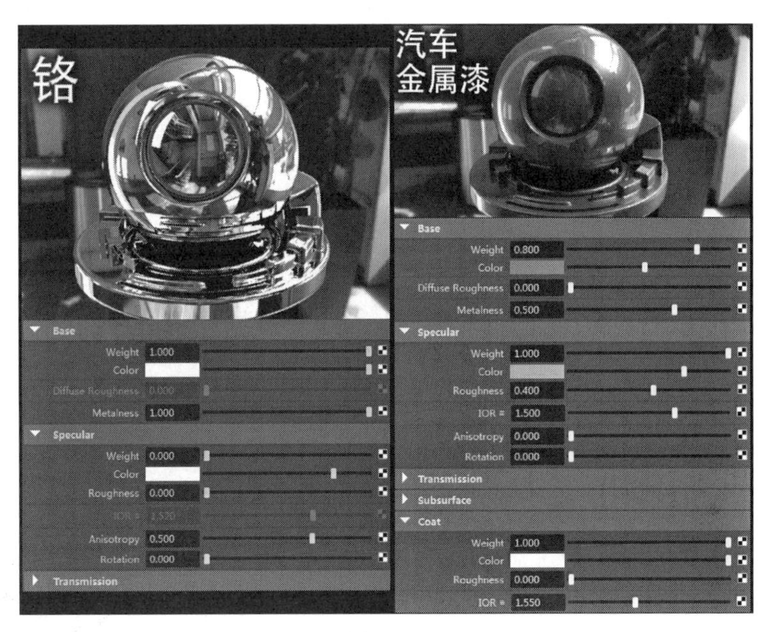


图 3－52

Roughness：0.4；IOR：1.5；Coat_Weight：1。汽车金属漆光滑度不是很高，金属反射度也不是很高，但在外面罩上一层很光滑很亮的外层 Coat，模拟汽车漆的那种复合漆视觉效果，甚至可以让 Base_Color 和 Coat_Color 具有差异，加剧复合漆的复杂色彩感(见图 3－52)。

(5) 玻璃材质：Base_Weight：0；Metalness：0；Specular_Weight：1；Specular_Color：1；Specular_Roughness：0；IOR：1.52；Specular_Anisotropic：0.5；Transmission_Weight：1。玻璃材质是很常用的材质，该材质的 Base 栏目下的参数全部是 0，其主要参数集中在 Specular 栏目，五个参数决定了玻璃的基本特性，Transmission_Weight 决定了玻璃的透光程度(见图 3－53)。

(6) 磨砂玻璃材质：Base_Weight：0；Metalness：0；Specular_Weight：1；Specular_Color：1；Specular_Roughness：0.4；IOR：1.52；Specular_Anisotropic：0.5；Transmission_Weight：1。该材质的 Base 栏目下的参数全部是 0，主要参数集中在 Specular 栏目，和普通玻璃材质参数的不同之处仅在于其高光粗糙度，仅该参数的改变便让玻璃成为磨砂(见图 3－53)。

(7) 钻石材质：Base_Weight：0；Metalness：0；Specular_Weight：1；Specular_Roughness：0；IOR：2.4；Transmission_Weight：1；Transmission_Abbe：55。该材质极少会使用到，但它提供了一些参数的设置效果，该材质的 Base 栏目下参数都是 0，其重要参数 IOR 和 Transmission_Abbe 成就了特别效果，视觉上看起来比玻璃晶莹璀璨(见图 3－54)。

(8) 陶瓷材质：Base_Weight：1；Metalness：0；Specular_Weight：1；Specular_

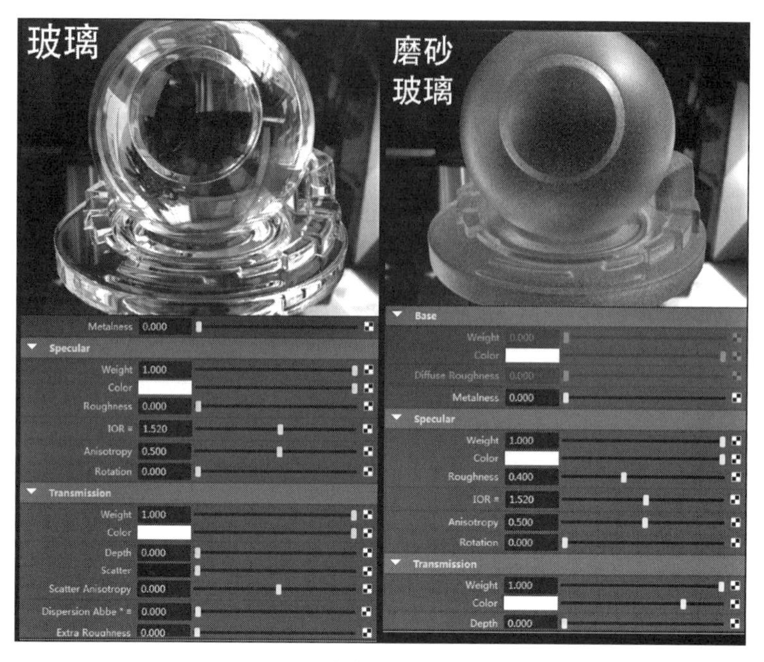


图 3 - 53

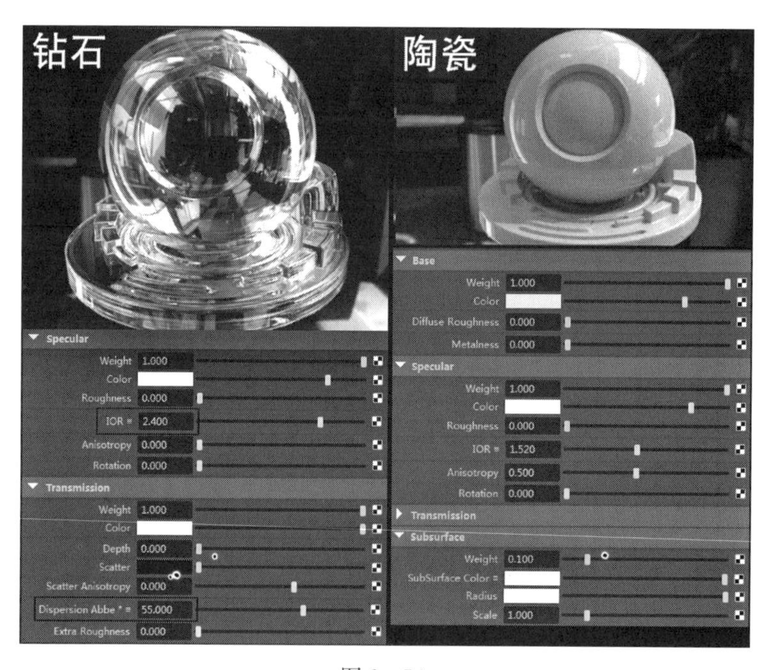


图 3 - 54

Roughness：0；IOR：1.52；Specular_Anisotropic：0.5；Subsurface_Weight：0.1。该材质的三个颜色均需根据陶瓷的实际颜色设色。此处的 Metalness 可以根据需要提升数值（见图 3 - 54）。

(9) 牛奶材质：Base_Weight：1；Metalness：0；Specular_Weight：1；Specular_Roughness：0.15；IOR：1.52；Specular_Anisotropic：0；Subsurface_Weight：1；Subsurface_Scale：0.1。该材质的三个 Weight 都设为最高值 1，充分表现了牛奶的材质特点(见图 3-55)。

(10) 蜂蜜材质：Base_Weight：0；Metalness：0；Specular_Weight：1；Specular_Roughness：0.1；IOR：1.52；Specular_Anisotropic：0；Transmission_Weight：1；Transmission_Depth：1；Sheen_Weight：1；Sheen_Roughness：0.3。相比较牛奶，更透光的蜂蜜材质的参数设置完全不同，主要是通过 Transmission 和 Sheen 栏目中的参数来表现，而不是 SSS 参数(见图 3-55)。

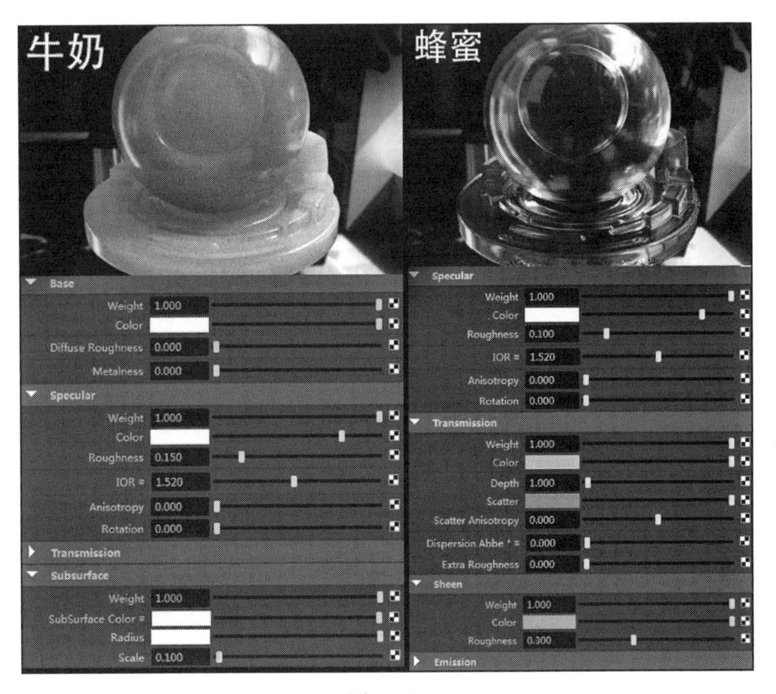


图 3-55

(11) 陶土材质：Base_Weight：1；Diffuse_Roughness：0.5；Specular_Weight：1；Specular_Roughness：0.4；IOR：1.52；Specular_Anisotropic：0.5；Subsurface_Weight：0.3；Subsurface_Radius：0.2。该材质的 Roughness 应设置略高些，同时还设置了各向异性 0.5，以表现特殊的高光区光泽度。次表面权重也略微参与了，表现陶土微弱的玉石质感(见图 3-56)。

(12) 橡胶材质：Base_Weight：1；Diffuse_Roughness：1；Specular_Weight：1；Specular_Roughness：0.6；IOR：1.52；Specular_Anisotropic：0.5。该材质不同于陶土的是高光区更粗糙、无光泽，其基本粗糙度和高光粗糙度都需要设置得高。橡胶没有透光性，就无需设置 SSS 参数了(见图 3-56)。

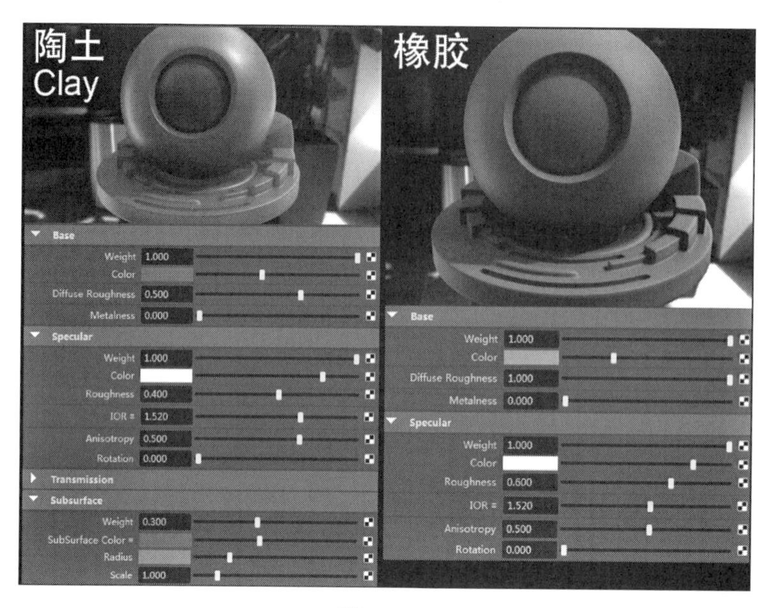


图 3－56

（13）翡翠材质：Base_Weight：1；Metalness：0；Specular_Weight：1；Specular_Roughness：0.25；IOR：2.42；Specular_Anisotropic：0.5；Transmission_Weight：0.6；Transmission_Depth：1。该材质在此是通过适度的 Transmission 来表现玉的透光性，而不是 SSS，SSS 适合表现浑浊凝滞的透光性，而不是那种晶莹通透。高光各向异性提供了特别的光泽（见图 3－57）。

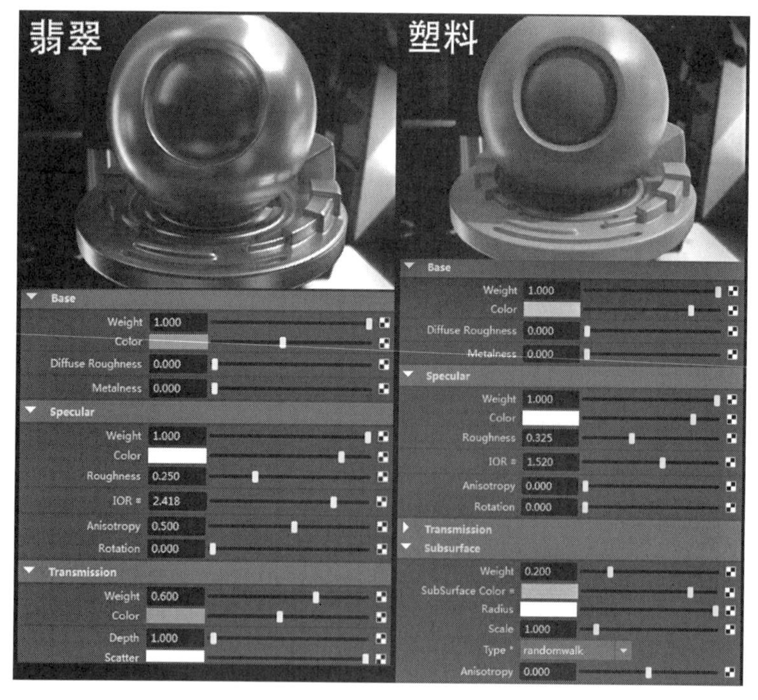


图 3－57

（14）塑料材质：Base_Weight：1；Diffuse_Roughness：0；Specular_Weight：1；Specular_Roughness：0.325；IOR：1.52；Specular_Anisotropic：0；Subsurface_Weight：0.2；Subsurface_Scale：1。该材质是一种常见材质，Specular_Roughness 可以根据具体材料粗糙度做调节，以比较微弱的次表面权重表现塑料的凝重透光性（见图 3－57）。

（15）果汁材质：Base_Weight：1；Metalness：0；Specular_Weight：1；Specular_Roughness：0.1；IOR：1.4；Specular_Anisotropic：0；Transmission_Weight：0.3；Transmission_Depth：1；Subsurface_Weight：1；Subsurface_Radius：0.2。该材质通过适度的 Transmission 和全部的 SSS 权重来表现果汁的晶莹剔透，较小数值的 Subsurface_Radius 和 Transmission_Weight 又让果汁具有浓郁稠密的质感（见图 3－58）。

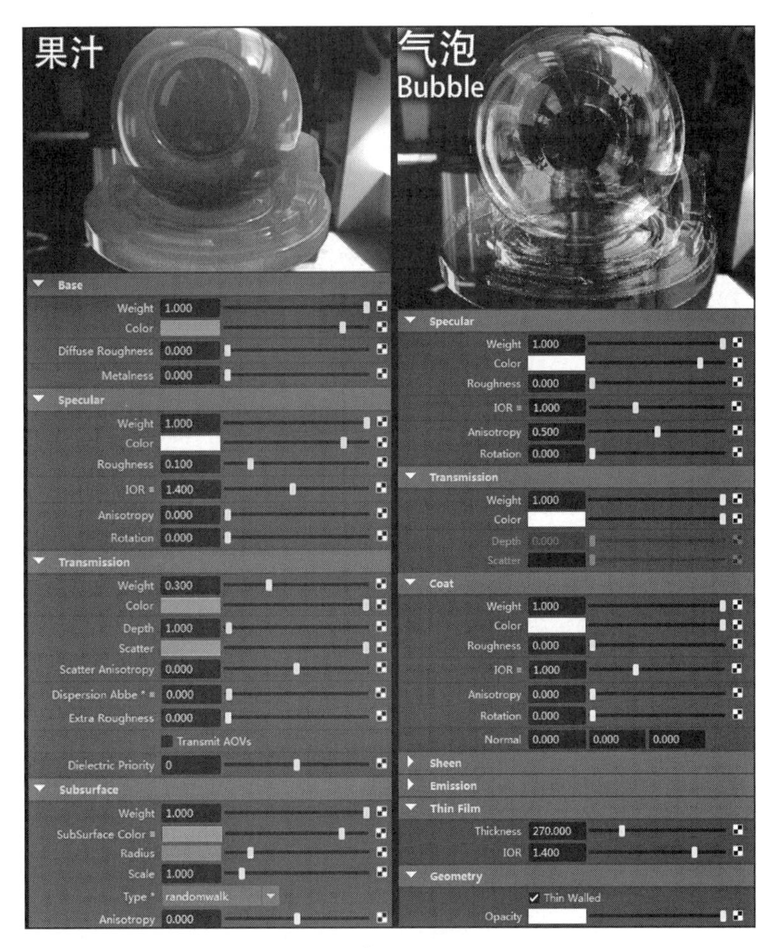


图 3－58

（16）气泡材质：Base_Weight：0；Specular_Weight：1；Specular_Roughness：0；IOR：1；Specular_Anisotropic：0.5；Transmission_Weight：1；Coat_Weight：1；Coat_IOR：1；Thin_Film_Thickness：270；IOR：1.4；勾选 Geometry_Thin_Walled。气泡材质

是一种很特别的材质，它使用了 Transmission、Coat、Thin_film 这些来表现极度的晶莹剔透，而且都设置了较低的 IOR 数值。Thin_Film_Thickness 数值决定气泡边缘的折射色彩的色调(见图 3－58)。

(17) 皮肤材质：Base_Weight：0.8；Specular_Weight：1；Specular_Roughness：0.5；IOR：1.33；Subsurface_Weight：1；Subsurface_Scale：1；Coat_Weight：0.25；Coat_Roughness：0.3；Coat_IOR：1.33。该材质在人物角色上广泛使用，Base_Weight 设为 0，高光粗糙度和折射率都设置了合适的数值，充分运用了 SSS 材质，而且适度应用了 Coat 的增光效果，这让弱透光的皮肤视觉上又有滋润滑腻感(见图 3－59)。

(18) 丝绒材质：Base_Weight：0.8；Specular_Weight：0；Specular_Roughness：0.69；Specular_Anisotropic：0；Subsurface_Weight：0.2；Subsurface_Scale：1。这是一个比较极端而特别的材质表现，应用机会不多。与前面的材质不同，该材质主要采用 Base_Color 和 Sheen_Color 系统来完成天鹅绒布料的质感塑造，Sheen_Color 非常适合布料的质感表现，弃用 Specular_Color 系统(见图 3－59)。

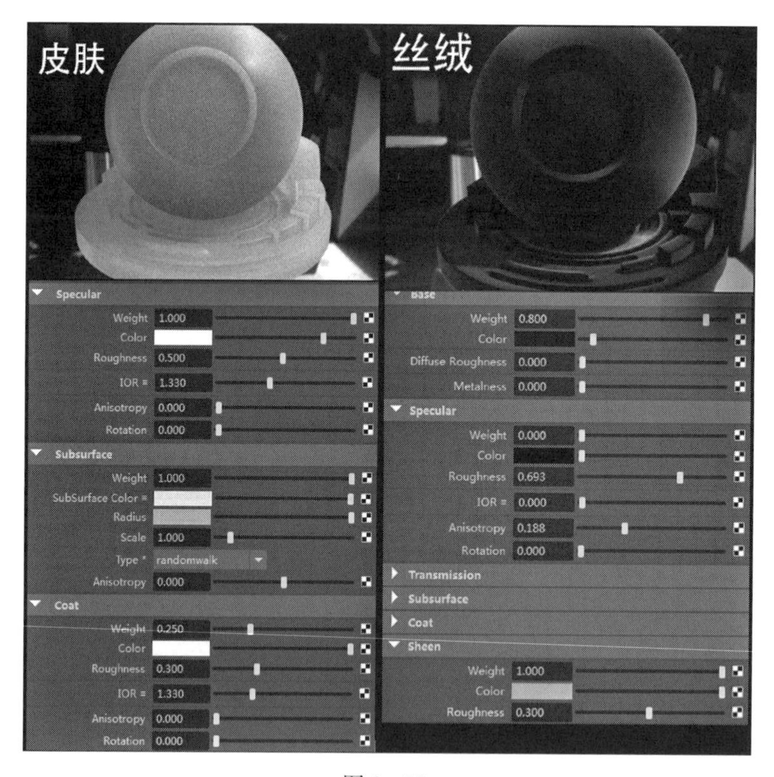


图 3－59

## 第三节　UV 贴图

UV 是定位 2D 纹理的坐标，模型上的每个 UV 点对应着模型上的每个顶点，位于特定 UV 点上的纹理像素信息被映射到物体模型上对应的那个顶点。多边形和 NURBS 模型的 UV 不同，多边形模型的 UV 是可编辑的，这是多边形模型成为主流模型的重要优势，UV 贴图的拆分、整合、编辑是决定 MAYA 纹理表现质量的关键。而 NURBS 模型的 UV 内建是不可编辑的。

多边形模型被赋予材质有两种方式：第一种是选择材质球，按住鼠标中键，拖动到目标物体模型或处于选择状态的物体某表面；第二种是选中目标物体或模型的目标表面后，在 Hypershade 窗口中，将鼠标放置在选定材质球上按鼠标右键，在出现的浮动栏中选择“将材质指定给当前选择”，如果场景模型众多，可以在大纲视图中选择好目标物体赋予材质，然后再进入多边形模型的 UV 创建设定(见图 3－60)。

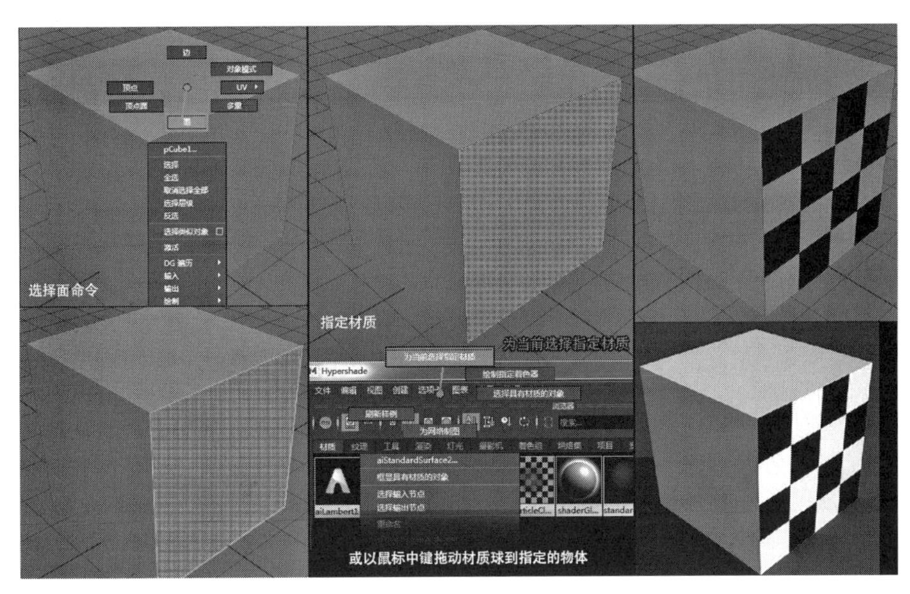


图 3－60

多边形模型的 UV 创建有以下几种投射(Projection)方式：平面投射、圆柱体投射、球体投射、自动投射、基于摄影机投射和基于法线投射。前面四种投射方式最常用，在界面的工具架上有相应的快捷图标。平面投射方式尤其实用，可以单独选择物体的某个面，在“平面映射选项”中勾选该面所在的轴向并确定，就可以将一个四方体的六个面分别贴上不同纹理。如果该四方体的面不是彼此垂直的，或不是处于 X－Y－Z 轴向，基于摄影机投射或基于法线投射就可以解决这个贴图问题，只要在 MAYA 透视窗口中让需要贴图的平面垂直于透视摄影机，就可以进行无变形贴图。自动投射方式可以应用于普通四方体或不规整但不太复杂的物体。模型被赋予某种投射方式后，在右侧的属性编辑栏中会出现与该投射方式相关的所有信息，可以随时调整这些数据（见图 3－61、图 3－62、图 3－63、图 3－64、图 3－65）。

图 3－61

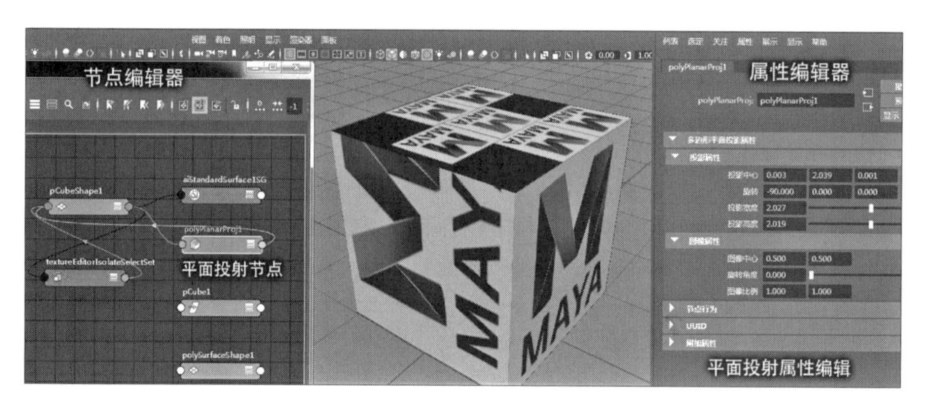


图 3－62

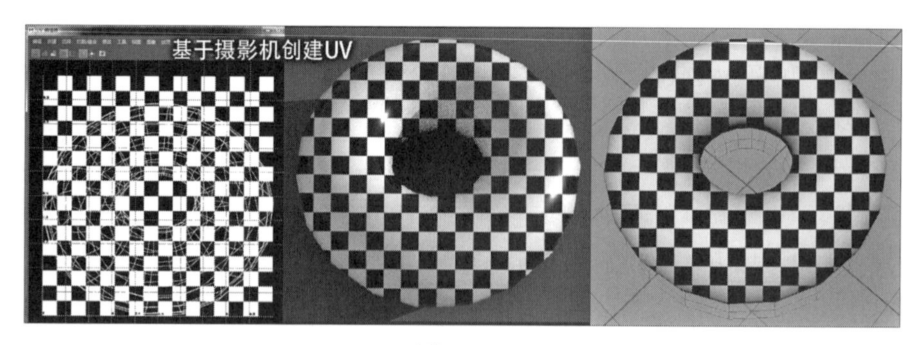


图 3－63

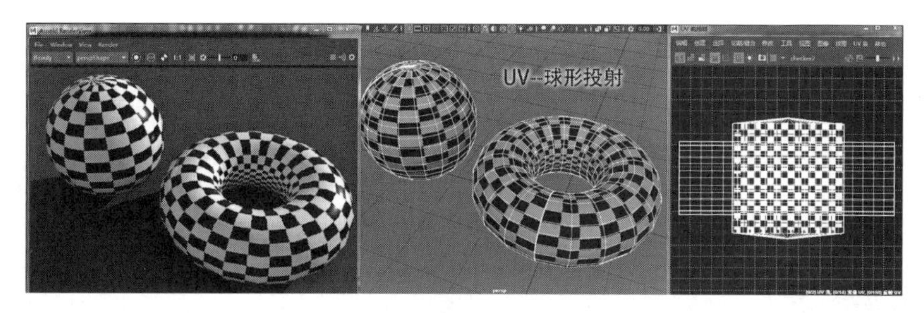


图 3-64

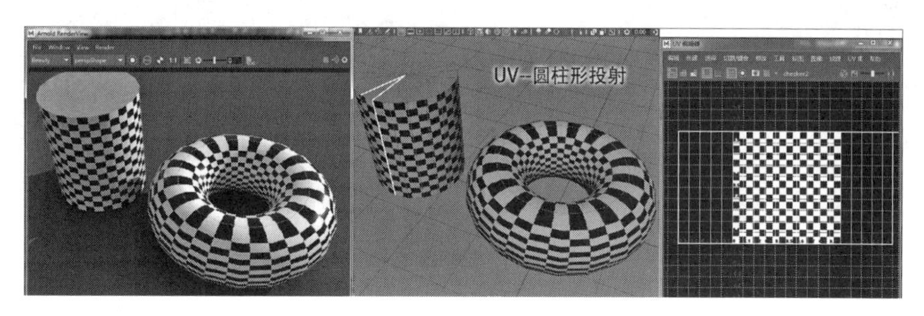


图 3-65

每个多边形模型都有原始的 UV 图，被某种方式投射贴图后，UV 图会产生变化，可以在 MAYA 菜单“UV”中打开“UV 编辑器”，在模型被选中后，按住鼠标右键，出现浮动命令，选择“UV—UV 或 UV 壳”，选择“UV”，则可以在 UV 编辑器中编辑移动对应模型的顶点，从而调整纹理坐标位置，选择“UV 壳”则可以整体地选择并编辑该模型表面纹理，还可以在选择某些面后点击“创建 UV 壳”命令，并进行移动旋转缩放，让 UV 的编排更灵活高效，这是一个很实用的命令。可在随同 UV 编辑器弹出的“UV 工具包”进行 UV 贴图的深入编辑，通过工具包中的顶点、边、面选择工具，在 UV 编辑器中进行移动、缩放、旋转等操作。在模型选中状态点击鼠标右键，选择“对象模式”则回到模型正常状态(见图 3-66、图 3-67)。

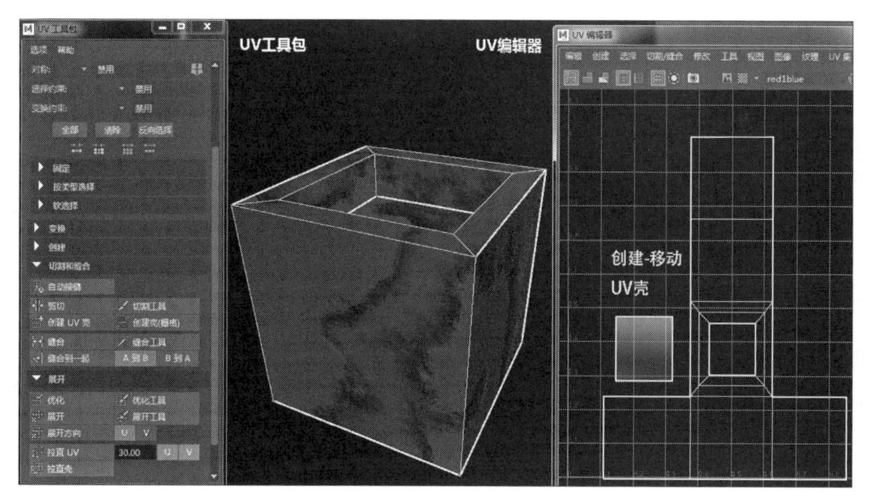


图 3-66

图 3-67

UV 的编辑是一个比较耗费精力的过程，同时也是决定贴图准确性和质量的步骤，通过 UV 工具包中的一些编辑命令，如切割、缝合、展开、排列等，可以把模型的 UV 结构处理得井井有条，方便下一步骤的展开。下面简单介绍几种常用的 UV 命令。切割是处理弯曲或球形模型需要用到的命令，未经 UV 切割的曲面或球体，贴图往往会变形，切割就相当于把一块布剪开以利于包裹球体或曲面。使用切割命令最快捷的方法是点击“多边形建模”模块中最后一个图标按钮“3D 切割和缝合 UV 工具”。展开也是一个很常用的命令，主要是处理弯折的多面体，让处于不同轴向的面能够同轴展开，并通过 UV 面的调整避免贴图变形（见图 3-68、图 3-69、图 3-70、图 3-71、图 3-72）。

UV 贴图的进一步编辑需要 Photoshop 软件的配合，在安排好 UV 后，点击“UV 编辑器”的“图像—UV 快照”，或者是该编辑器上端的 UV 快照图标按钮，在弹出的“UV 快照选项”中，设置 UV 快照文件存储的路径、存储图像格式和图像大小。如果需要渲染高清

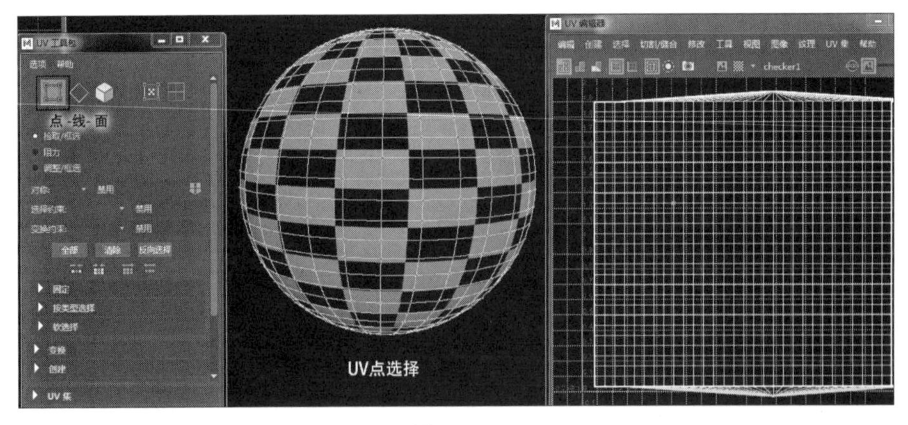


图 3-68

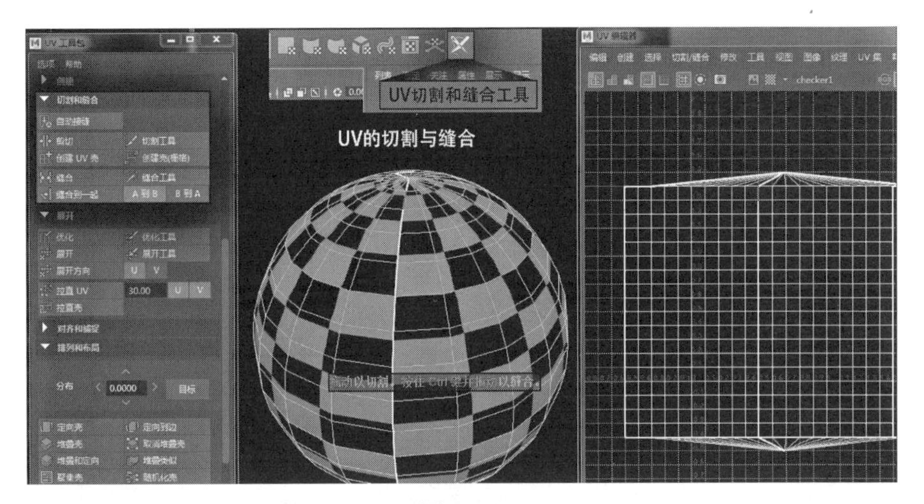


图 3 - 69

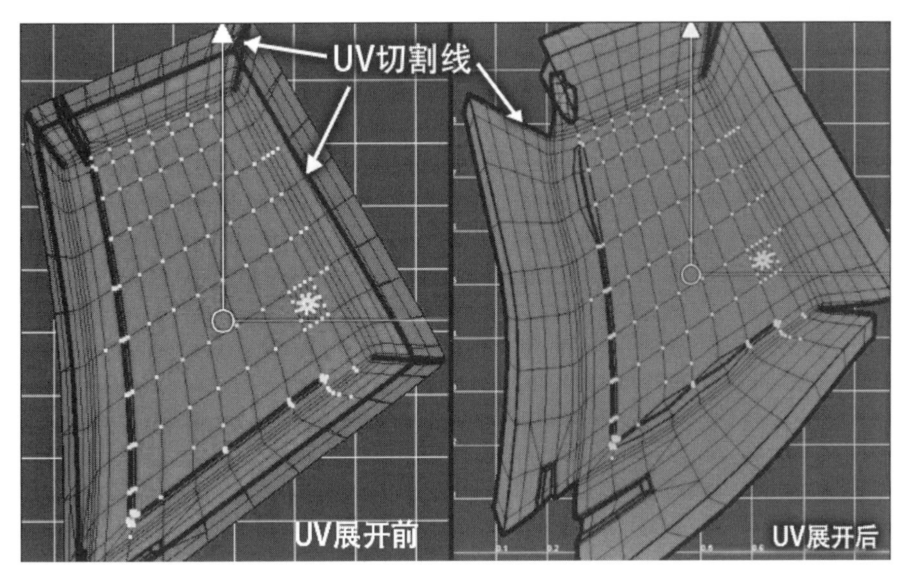


图 3 - 70

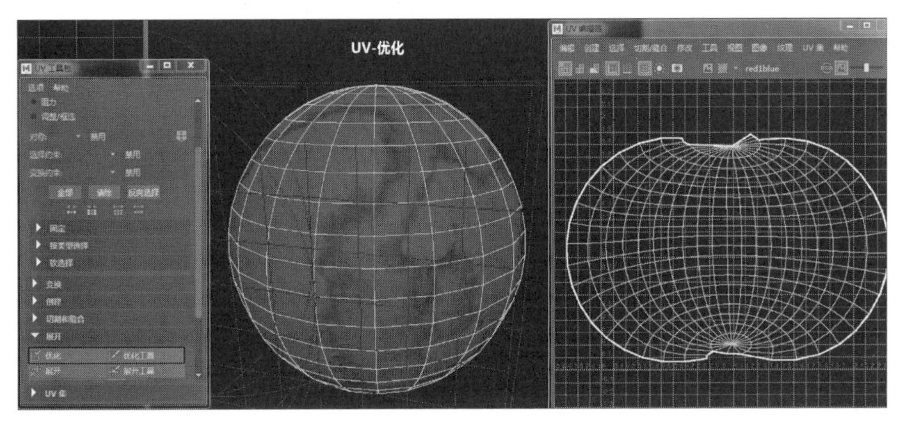


图 3 - 71

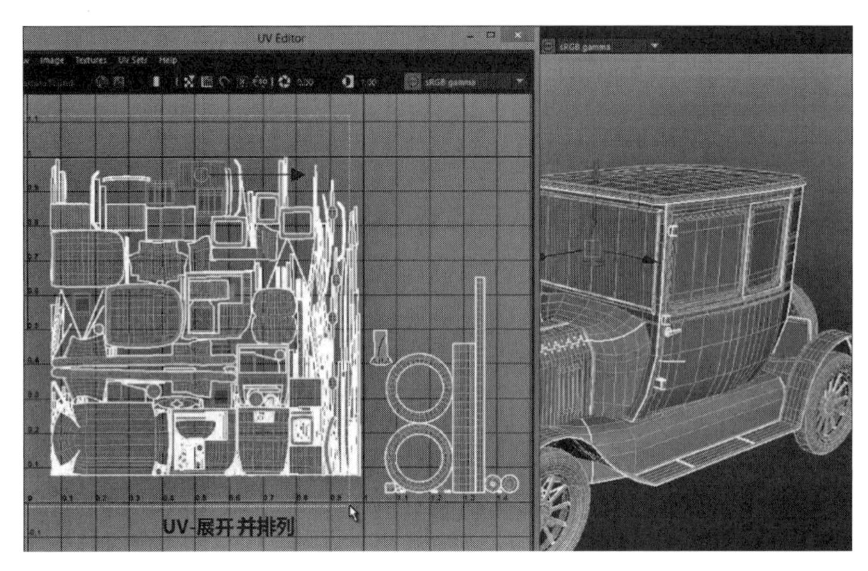


图 3-72

的图像，就需要设置相应的高清大小尺寸，存储文件的格式不能是 JPG 文件格式，因为没法保留透明图层，可以是 TIFF 或 PNG 格式。然后在 Photoshop 软件中打开该文件，文件的图层 0 就是导出的 UV 快照的白色线条，加上黑色背景色就可以看清楚了。最后在 PS 中新建图层增加纹理，或在特定区域修改纹理，图层 0 置顶并以滤色模式叠加。在完成该文件的编辑合成后，删除白色网格线图层，合并纹理图层，在 MAYA 材质编辑器中赋予原物体模型(见图 3-73、图 3-74)。

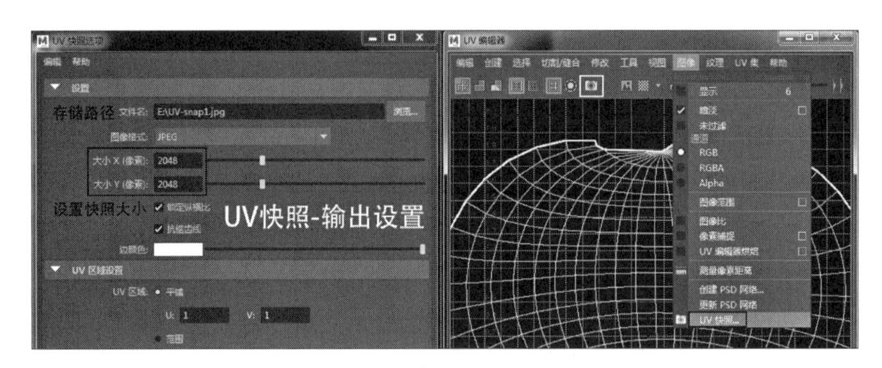


图 3-73

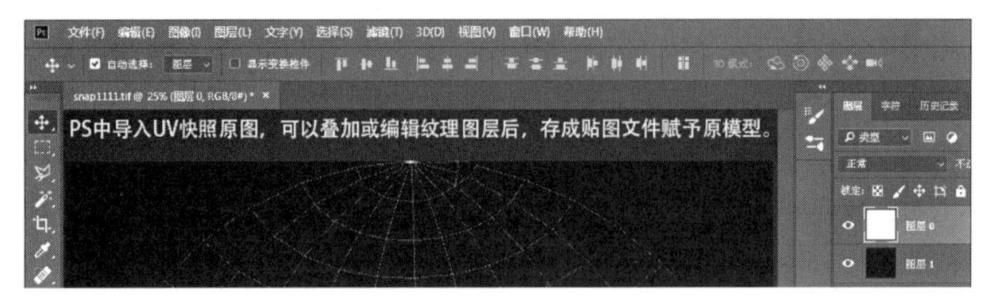


图 3-74

## 第四节　MAYA 纹理与节点

MAYA 的纹理有四类：2D 纹理、3D 纹理、环境纹理和分层纹理。2D 纹理需要 UV 坐标确定平面纹理的分布，3D 纹理自带 3D 坐标，可以方便地移动、缩放、旋转。MAYA 的环境纹理都是通过环境纹理本身产生环境图像，而不必借助其他图像，所有环境纹理都可以连接到材质的 Reflected Color 属性，作为反射贴图来模拟真实反射效果，其中 Env Sky 纹理可以创建较真实的天空环境，不使用其他辅助图像而构造出真实的天空、太阳和云彩。环境纹理不是为创建环境本身，而是为环境中的物体构建一个模拟的环境，尤其是当场景中有高反射度的物体如光滑金属面，该金属面就能反射模拟出的环境图像。Env Chrome 能模拟室内空间环境，该环境由天花板和地面构成，具有无限大的平面。Env Cube 以六个面模拟封闭的室内空间（见图 3－75）。

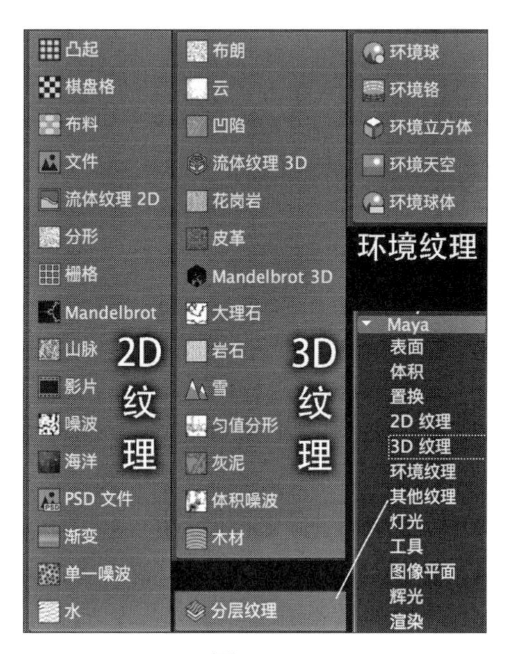


图 3－75

在 MAYA2020 版本中，Arnold 渲染器无法渲染 MAYA 的环境纹理，可以部分渲染 MAYA 的 2D、3D 纹理，比如 MAYA 自带的头发着色器和海洋着色器就不能被 Arnold 渲染。Arnold 开发出一系列的材质和纹理，但是 MAYA 的显示窗口未能呈现具有 Arnold 材质纹理的模型，此时，MAYA 的显示窗口是以 Viewport 2.0 模式显示，如果把窗口渲染器切换成 Arnold，就可以显示 Arnold 材质纹理。

Arnold 还开发出数量众多的材质工具节点（Utility），共计 85 个，对应着 MAYA 的 83 个材质工具节点。如果是以连线的方式在节点编辑窗口进行材质属性编辑，可以把需要用到的材质工具节点直接拖到窗口中，在窗口中连接各个属性，或者可以把材质工具节点用鼠标拖到右侧属性编辑栏的某个属性中，窗口中自动出现对应的连接线。对于仅用于设计效果展现的建筑和室内模型的材质纹理，绝大多数的工具节点无用武之地，仅通过右侧属性编辑栏的操作，也足以应付建筑和空间的材质表现需求（见图 3－76、图 3－77）。

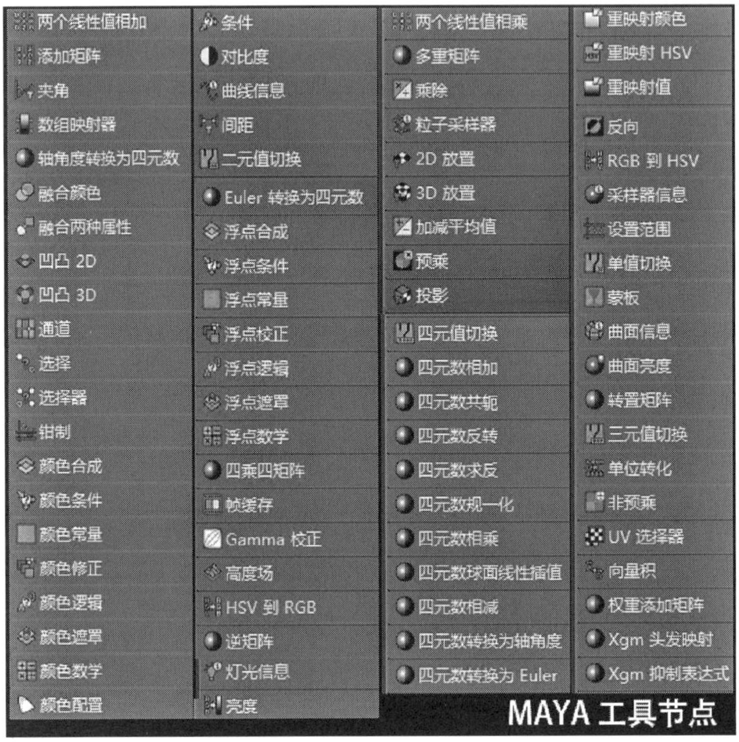

图 3－76

## 第五节　法线与凹凸贴图

在 MAYA 中，法线是指垂直于曲线或曲面上每个点的理论虚线，这些虚拟垂直线为光线粒子提供了参照物，从光源发出的光线粒子在遇到物体法线后返回，带回法线的角度信息，从而计算出凹凸方向。MAYA 中的法线只会指向一面，法线指的那一面就是正面，只有正面才会被有效渲染，反面以绝对黑色呈现。面法线用于确定多边形正面的方向，顶点法线用于确定面与面之间的接触关系，为光照系统提供顶点信息。在编辑外来导入模型的过程中，有时会发现模型的某些面出现绝对黑色，不接受任何光照，这些面极有可能是反方向了，这时需要对这些面进行反转面法线操作，点击菜单“网格显示”中的“反向”命令即可。面法线和顶点法线的显示查看，可以在右侧属性编辑栏中的“……Shape”下，找

图 3－77

到“网格组件显示”栏目，勾选“显示法线”，在“法线类型”选择框选择“面”或“顶点”。也可以在菜单“显示”下，点击“多边形—面法线”（见图 3－78）。

顶点法线的显示还与显示效果的切换有关。在菜单“网格显示”下，选择“硬化边”命令，会使模型上的面与面的交接变得生硬，体现在顶点法线上，可以看到一个顶点发出四条法线；如果选择“软化边”命令，模型上的面与面的交接就会很柔和，体现在顶点法线上，可以看到一个顶点发出一条法线（见图 3－79）。

法线虽然是虚拟的，但却决定了 MAYA 模型表面的平滑与起伏，MAYA 软件中很常用的凹凸贴图（Bump Mapping）就是利用了法线的虚拟视觉作用，使用灰度（Grayscale）图实现视觉上的凹凸感，即仅仅在视觉上营造凹凸的假象，实际的模型表面依然是光滑的。凹凸贴图是 8 位（8bit）色的灰度图，也就是只有 256 种不同的灰度，凹凸贴图中的值就是告诉三维软件两个选择：凹或凸，当值接近 50%灰度时，物体表面没有凹凸变化。当灰度值变亮（白）时，表面细节呈现为凸出；当灰度值变暗（黑）时，表面细节呈现为凹入（见图 3－80、图 3－81）。

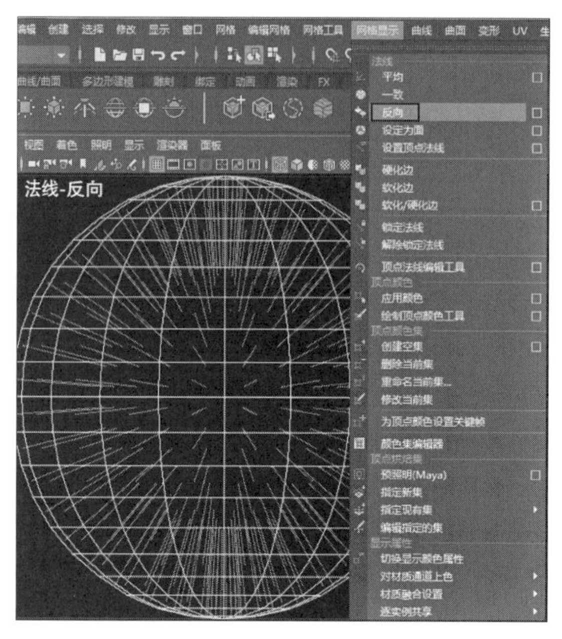


图 3－78

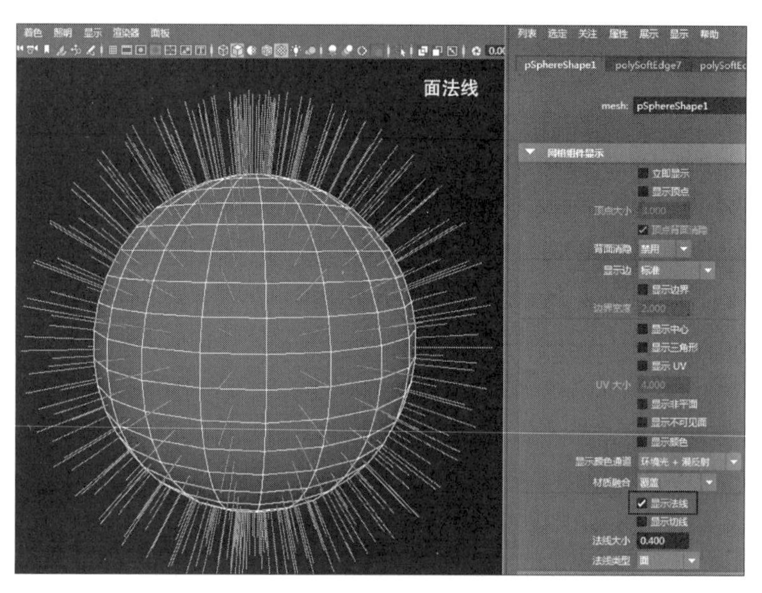


图 3－79

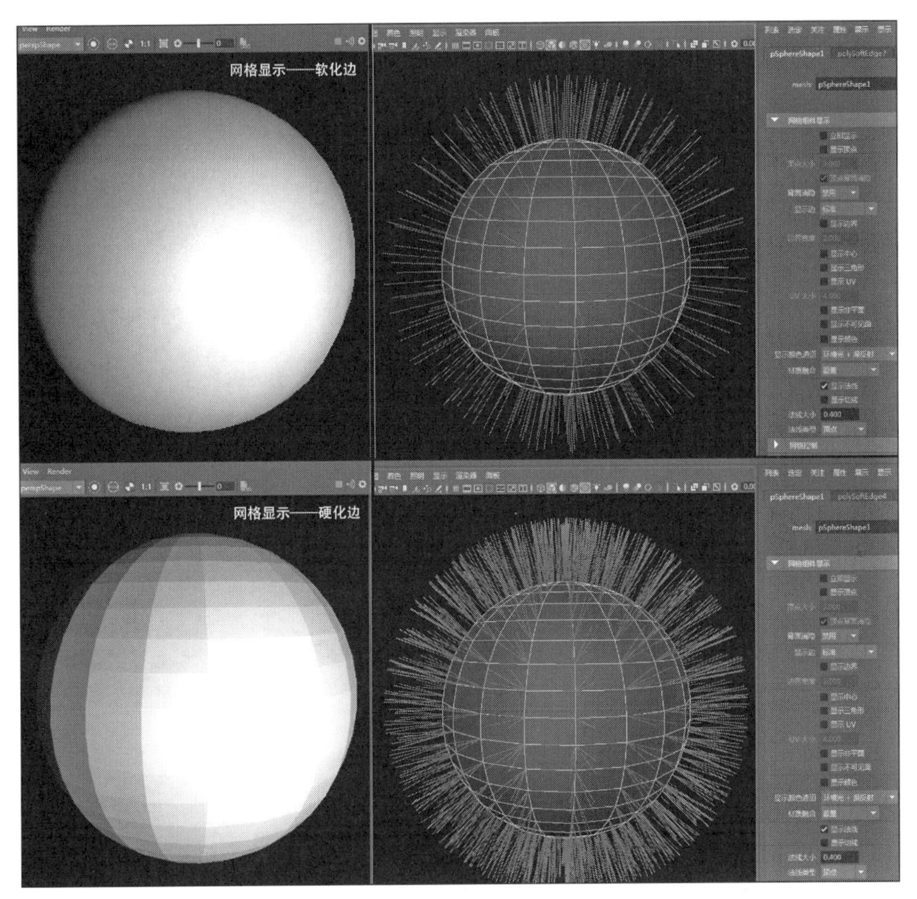


图 3 - 80

图 3 - 81

图 3－82

置换贴图是实实在在地在模型表面生成很多凹凸起伏的微小面，也是真实地增加了模型的面数量，但在增加了渲染真实性的同时，也消耗了更多的渲染时间。这两种贴图最明显的差别在于模型的边缘，被赋予凹凸贴图的模型在被渲染后，表面凹凸不平的模型的边缘线却是平整光滑的；被赋予置换贴图的模型在渲染后，模型表面和边缘是完全一致的凹凸不平（见图 3－83）。一般电影 CG 制作中会用置换贴图，而网络游戏和建筑表现等对精度要求不高的领域，会选择渲染速度更快的凹凸贴图或法线贴图，尤其是网络游戏领域，实时渲染的游戏引擎对游戏场景模型的总面数有严苛的要求，为了尽可能地提高用户体验，需要在不损失渲染效果的前提下尽可能减少模型面数，于是将具有丰富细节的高精度模型，通过映射烘焙出丰富的光影效果和纹理质感细节，然后贴在面数少很多的低精度模型的法线贴图通道，使其表面拥有丰富的光影渲染效果，极大地提升了实时渲染效率和细节精度，然而，以该方式贴图形成的光影效果不会随着光照变化而变动，因此，对于影视级别的渲染，高精度模型还是具有明显的优势，尽管制作高精度模型需耗费大量的精力。

法线贴图（Normal Mapping）被认为是一种更新的凹凸贴图。和凹凸贴图一样，法线贴图也是在营造视觉假象，模型不会添加额外的实际面数，法线贴图的实现方式和凹凸贴图不一样，凹凸贴图使用灰度值提供凹凸信息，而法线贴图使用 RGB 信息告诉软件每一个多边形表面法线的准确朝向，这些法线朝向会告诉 3D 软件如何为多边形着色。法线贴图最常用的是切线空间法线贴图（Tangent Space Normal Map），如果在一个物体表面，法线垂直向上，它的 XYZ 坐标是 0，0，1，把这个数字按照约定的压缩方法进行压缩，每个数字加 1 然后再除以 2，得到的是 0.5，0.5，1，把它代入到 RGB 中，就会得到 128，128，255，因为 Z 坐标代表向上，在 RGB 色彩模式中是 Blue，所以，如果 X、Y 轴坐标数字变化而 Z 轴一直是 255，绝大部分点的法线都指向 Z 方向，因此，法线贴图偏向蓝色。

凹凸贴图的操作可以在节点窗口中通过节点连线完成，也可以在属性编辑栏中完成，或者用鼠标把资源管理器中的图片文件拖入节点图表窗口，再用鼠标把该图片拖放到该材质的属性编辑栏中“Geometry—Bump Mapping”(见图 3－82)，凹凸贴图的操作需要关注凹凸深度的设置，该菜单会自动弹出，或者可以点击节点窗口中那个凹凸深度节点再作调整，一般先设置在 0.1—0.2 之间，边预渲染边调整凹凸深度，没有必要超出 1，如果做强烈凹凸效果的还是需要使用置换贴图。凹凸贴图适合使用在水泥地、木地板、木家具等微凹凸物体表面，会给物体的渲染带来很强的质感效果，尤其是在亮部区域。图 3－83 为相同参数的 Stucco 纹理分别贴出凹凸贴图和置换贴图的效果，可以明显地看出这两种贴图的表现力差异。

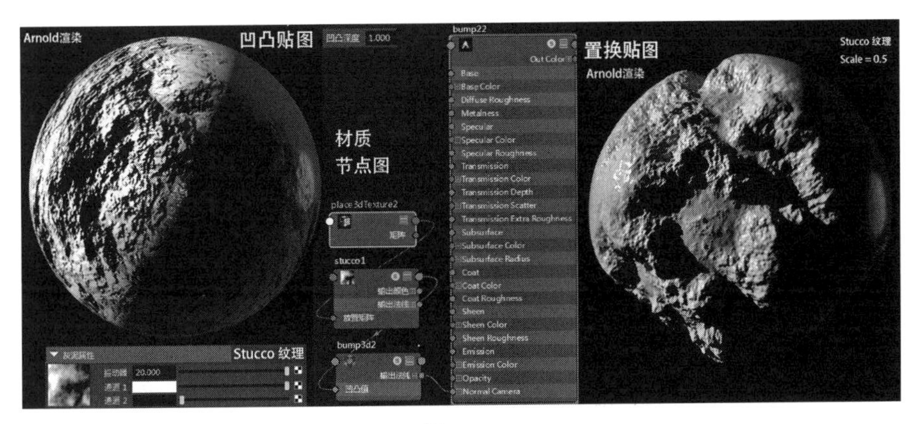


图 3－83

## 第六节　置换贴图

置换贴图(Displacement Mapping)通过贴图的明度信息改变模型表面法线的方向，对表面进行位移，能够让低分辨率模型增加额外的细节，那些贴图会在物理层次上替换它们所作用的网格。使用置换贴图时，模型需要有足够多的细分面，真的拓扑结构才能够被创建。置换贴图可以由高分辨率模型烘焙而来，也可以手动绘制。和凹凸贴图一样，置换贴图也由 8bit 灰度值组成，有时候可以在同一个资源上综合使用凹凸贴图和置换贴图，当然，最好是用置换贴图去实现那些大的形体细节，用凹凸贴图实现那些小的形体细节。

Arnold 的置换贴图性能比 MR 等效果好一些，随着 MAYA 版本的更新，一些细节上的优化也在继续，比如，过去需要反复调试的 Bounds Padding(置换边界盒扩展)参数如今已成摆设，关键的参数设置越来越简洁明了。置换贴图相对于凹凸贴图的优点是显而易见的，缺点是耗费算力资源。置换贴图适合做一些不需要进一步修改，或具有较大随机性的物体，如荒野地形等，因为置换贴图生成的模型后续修改有些麻烦，且效果难以精确把控，不如第三方雕刻刀工具可以随时修改调整且可边看边做。虽然 Arnold 能直接渲染出置换贴图的效果，但也可以把置换贴图的虚拟视觉转换成实际的多边形模型，只是转成的多边形模型面数会非常多，据个人测试，一个圆球以噪波置换贴图，噪波深度值设为 12，置换高度（Height）为 0.5，细分迭代（Subdivision Iterations）为 4，其余参数默认，生成的面数居然达到 44 万个。

不管是否生成多边形，用于置换贴图的模型面数需要足够多，才能体现出置换的细节，在渲染时加上细分迭代是有必要的，可以极大地提升细致程度，增加细节丰富性，尤其是边缘部分。置换高度和置换比例设置的结果是一样的，高度或比例设置为 0.5，可以让置换强度小一半，如果设为 1，则置换出的体积增加一倍，调整置换高度就是改变黑白贴图的明度关系在体积高度上的变化，高度数值越小，则置换出的高度越低，凹凸感越弱，如图 3 - 84、图 3 - 85、图 3 - 86、图 3 - 87 所示，置换高度数值 0.1 和 0.5 的差别在于凹凸的高度。

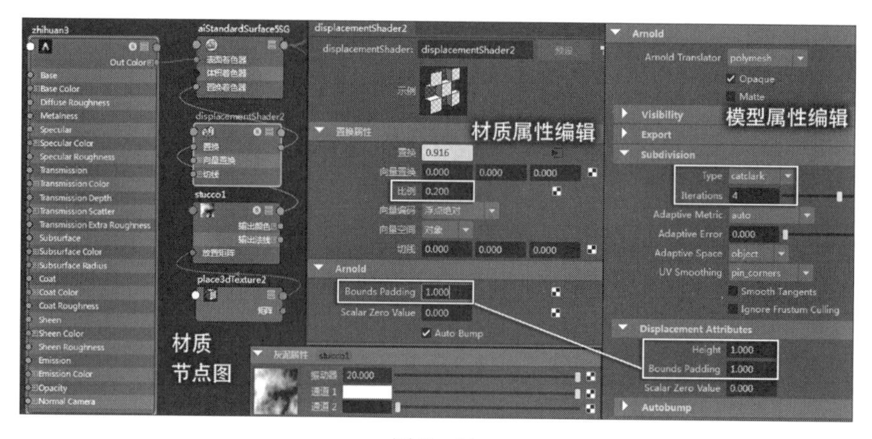


图 3 - 84

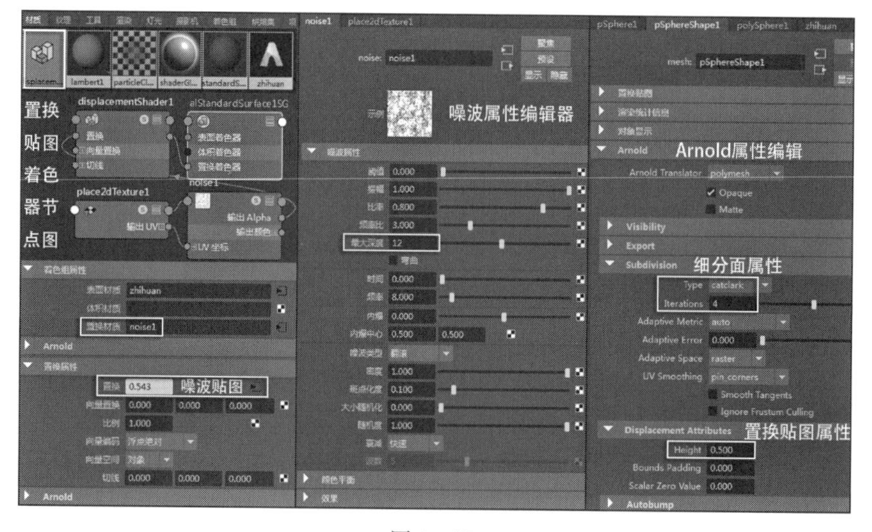


图 3 - 85

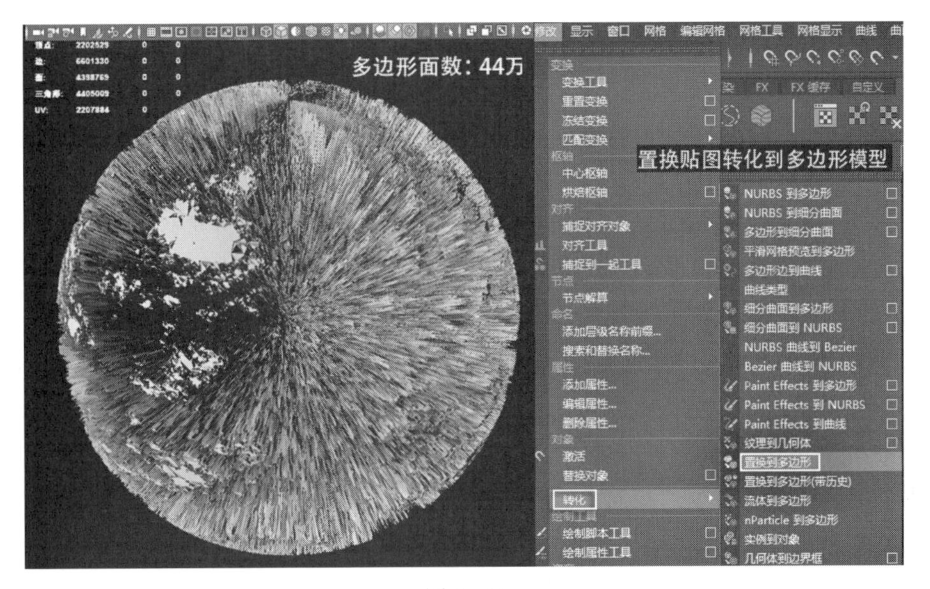
多边形面数：44万
置换贴图转化到多边形模型
修改
显示
窗口
网格
编辑网格
网格工具
网格显示
曲线
变换
变换工具
重置变换
冻结变换
匹配变换
枢轴
中心枢轴
烘焙枢轴
对齐
捕捉对齐对象
对齐工具
捕捉到一起工具
节点
节点解算
命名
添加层级名称前缀...
搜索和替换名称...
属性
添加属性...
编辑属性...
删除属性...
对象
激活
替换对象
转化
绘制工具
绘制脚本工具
绘制属性工具
NURBS 到多边形
NURBS 到细分曲面
多边形到细分曲面
平滑网格预览到多边形
多边形边到曲线
曲线类型
细分曲面到多边形
细分曲面到 NURBS
NURBS 曲线到 Bezier
Bezier 曲线到 NURBS
Paint Effects 到多边形
Paint Effects 到 NURBS
Paint Effects 到曲线
纹理到几何体
置换到多边形
置换到多边形(带历史)
流体到多边形
nParticle 到多边形
实例到对象
几何体到边界框

图 3-86

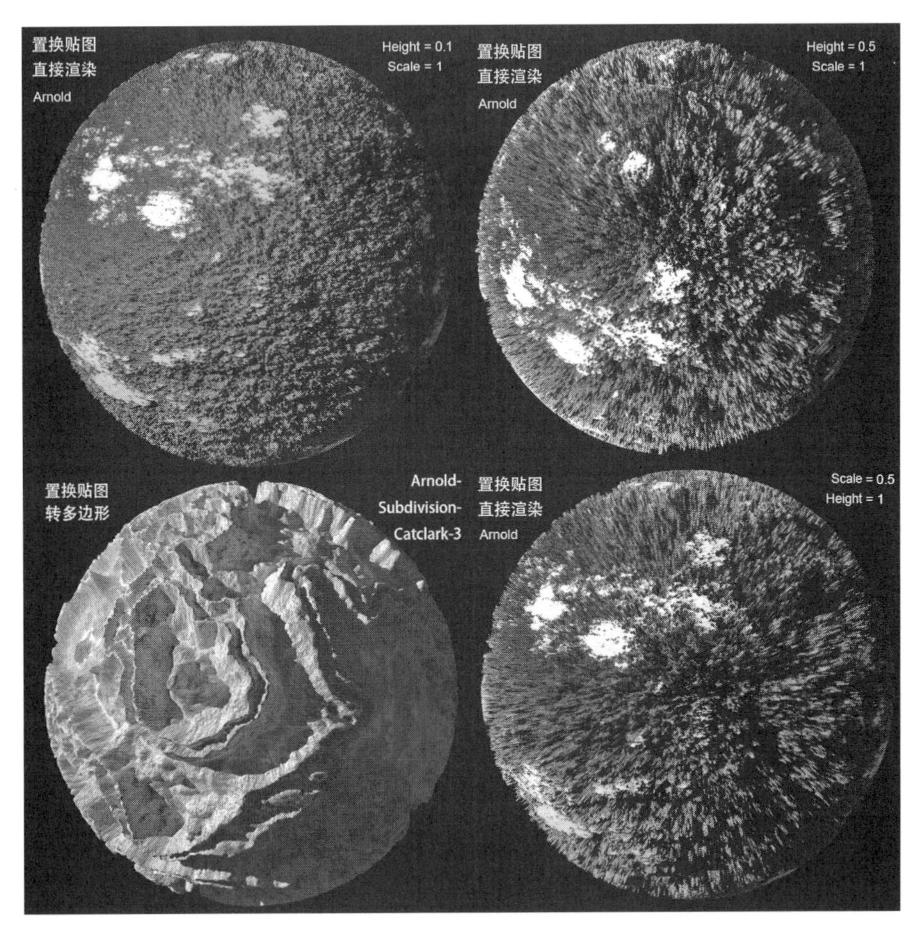
置换贴图
直接渲染
Arnold
Height = 0.1
Scale = 1
置换贴图
直接渲染
Arnold
Height = 0.5
Scale = 1
置换贴图
转多边形
Arnold-
Subdivision-
Catclark-3
置换贴图
直接渲染
Arnold
Scale = 0.5
Height = 1

图 3-87

## 第七节　材质纹理编辑

在MAYA中结合程序纹理创建材质具有几乎无限的可能性，但是该方法也需要对MAYA各个工具节点具备足够的熟悉度，否则，很难控制效果和精确表达特殊效果。在实际创作中，模板化的程序纹理和材质总是差强人意，工具和技术本身毕竟是第二位的，意义的准确表现才是第一位的，应根据实际需要，灵活运用程序纹理和文件贴图。彩插第14页的彩图2中的24个材质球来自十几年前MAYA官方发布的300个材质球，是完全运用程序纹理制作的，但是是基于Mentalray渲染器及工具的，如今无法在Arnold系统中使用。

本节提供两个材质纹理的简单制作案例，一个基于图片文件贴图，一个基于程序纹理贴图。基于图片文件的贴图制作需要关注图片本身的像素质量是否足够，尤其需要关注图片四周边缘是否能够自然过渡，即需要图片本身能满足四方连续图案构成，如果不符合四边和谐交接，则在大面积贴图后会出现类似贴瓷砖的效果。该问题可以通过Photoshop软件来解决，在PS中以橡皮图章等工具修改图片四周，使四周纹理能够互相自然交接，也可以在PS中制作一张巨大的贴图，预先通过PS的各类工具处理好纹理的衔接过渡，然后贴到模型上，这样做还能在PS中增加贴图中的细节纹理和随机性。

基于图片文件的贴图虽然受制于图片本身的分辨率，但它的优势也显而易见，就是可以通过UV编辑器和PS软件精准地进行贴图和修改。在本案例中，就尝试把树叶纹样和铁锈板肌理进行混合，还加上自发光字样，具体步骤和参数设置如图3－88所示。在本案例中，先是把立方体以三段分级平滑，获得一个具有均匀面UV分布的球体，再创建一个Arnold标准面材质，设置好该材质的基本色彩属性，然后在“基本色、金属度、高光权重、涂层(Coat)权重、自发光权重、凹凸贴图”通道都导入预先制作好的图片贴图，在权重通道中，基本都是导入黑白纹理图，以明度表达权重强度。在节点图表区，为了提高效率，可以把其中一个UV坐标(Place2DTexture)的“输出UV”属性同时连线给其他几个通道，只要调节这一个Place2DTexture，就可以同时调节好多个通道贴图的UV坐标(Place2DTexture)(见图3－89)。

图3－88

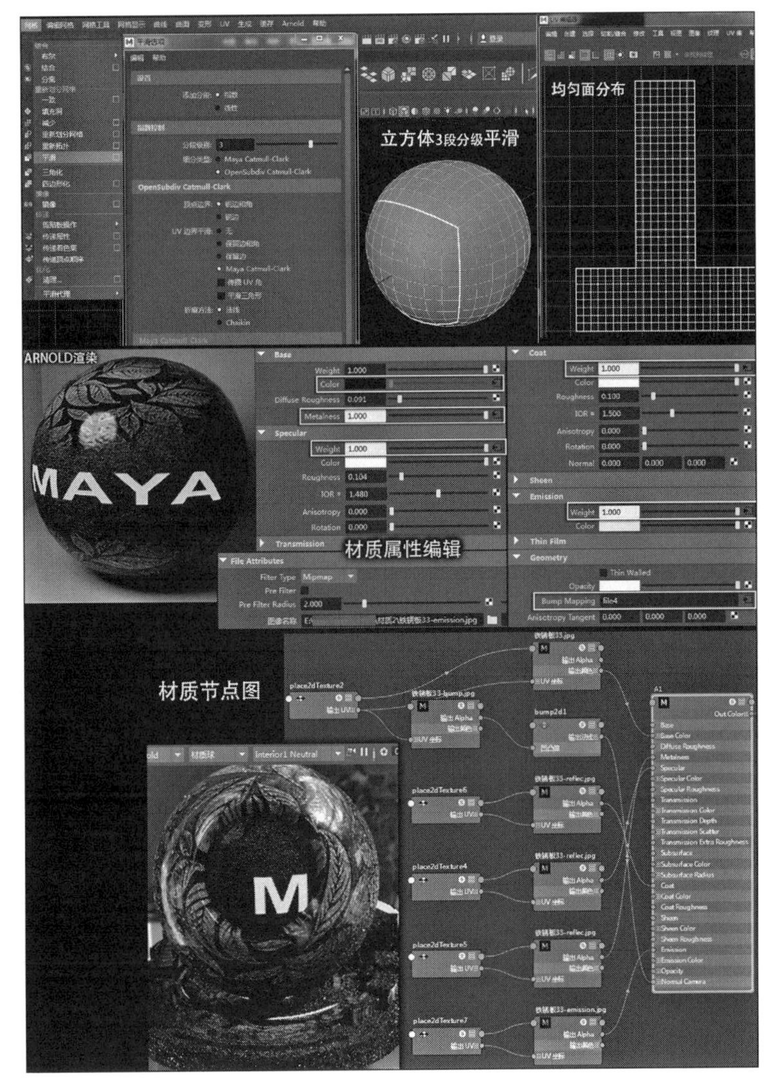


图 3 - 89

在下面这个程序纹理贴图案例中，山峦、光球、地面和背景墙都应用了发光材质。首先，在右侧属性编辑栏中，把球体模型设置为 MeshLight，设置好该光源的颜色、发光强度和曝光度，在光源色彩中导入渐变(ramp)程序贴图，可以根据需要选择 U 向或 V 向或圆形渐变类型，在渐变纹理中的色彩设置，还可以在色彩端导入程序纹理，比如分形纹理，这样就可以获得不同程序纹理的渐变过渡，根据需要调整该程序纹理的相关参数，如振幅、阀值、比率、频率及 Alpha 增益，最后进入 UV 坐标编辑，调整 UV 向重复数值，该数值决定了纹理在模型表面的排列密度。

本案例的发光球叠加了两个发光程序纹理，一个是匀值分形纹理，另一个是栅格纹理，分别赋予两个重叠的多边形球体，都预先取消不透明属性，在属性编辑栏中取消勾选“opaque”。强发光物体的基本色和高光色的权重和色彩都可以设为 0，重点是透光度（Transmission）、发光度（Emission）、不透明性（Opacity）的设置和导入纹理贴图。在导入的匀值分形纹理编辑栏中，不断调整相关数值，在 Arnold 渲染窗口中观看数值改变的效果，直到令自己满意的效果出现。在被赋予栅格纹理的球体材质中，同样是对透光度、发光度、不透明性通道进行编辑设置，导入同样的栅格程序纹理，并且共享同一个 UV 坐标节点，让这三个纹理坐标获得一致性，前面的匀值分形纹理也可如此处理。随后对 UV 向栅格宽度、UV 向重复数进行设置，直至得到合适的栅格密度，如果对“UV 噪波”进行设置，还会获得扭曲栅格效果（见图 3－90、图 3－91、图 3－92、图 3－93、图 3－94）。

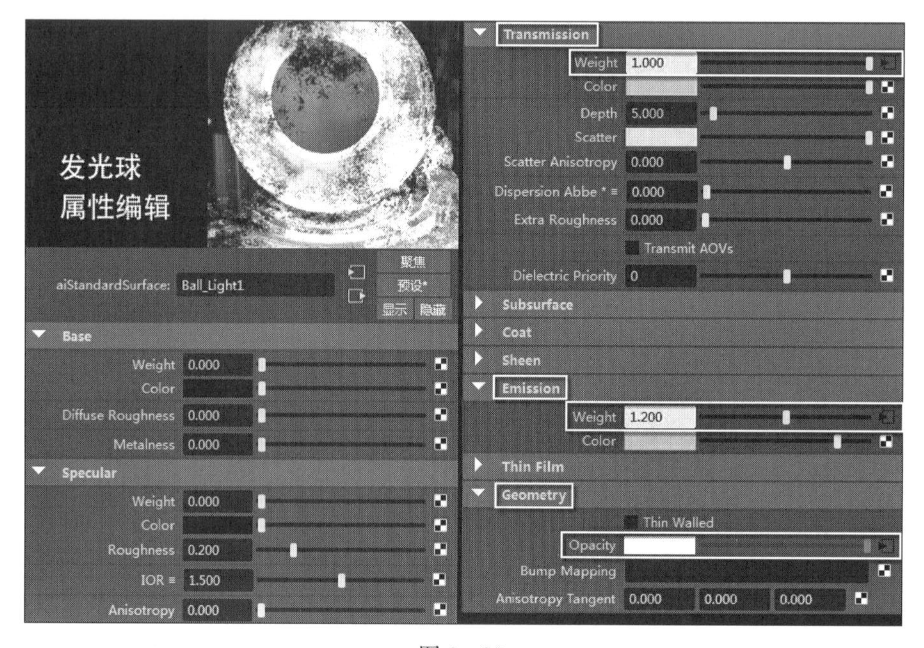


图 3－90

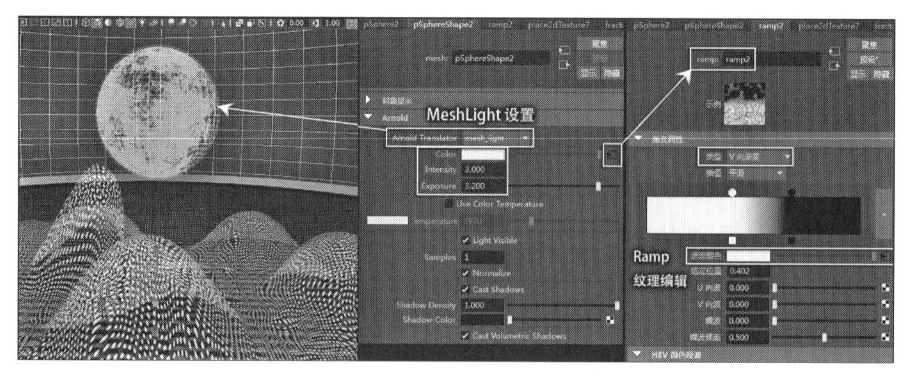


图 3－91

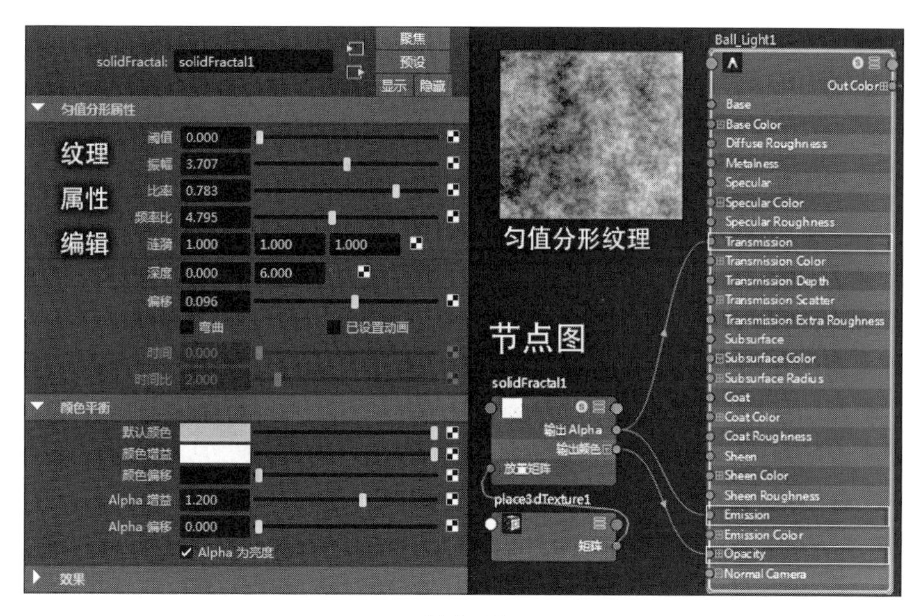


图 3－92

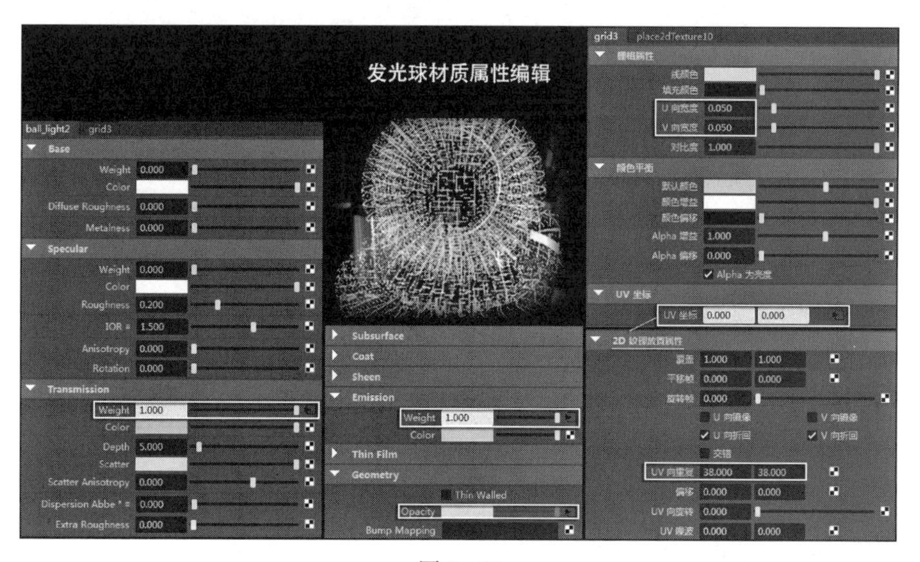


图 3－93

在本案例的山峦材质编辑中，导入了预先在 PS 软件中制作好的二维纹理贴图，在透光度、发光度、不透明性三个通道导入同一张图片，并且用同一个 2D 纹理坐标进行控制，这可以在节点编辑区进行连线操作。为了提升小圆点的亮度，在色彩平衡栏目下，提升图片的曝光度和 Alpha Gain 数值。最后调整 UV 向重复度，得到满意的小圆点分布密度（见图 3－94、图 3－95）。

背景平面的材质同样是把基本色和高光色设为 0，在透光度和发光度通道导入分形

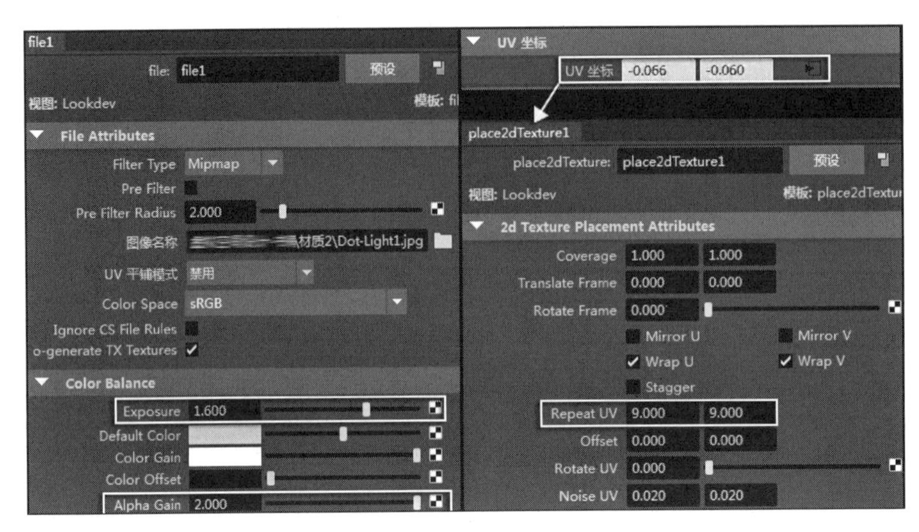


图 3 - 94

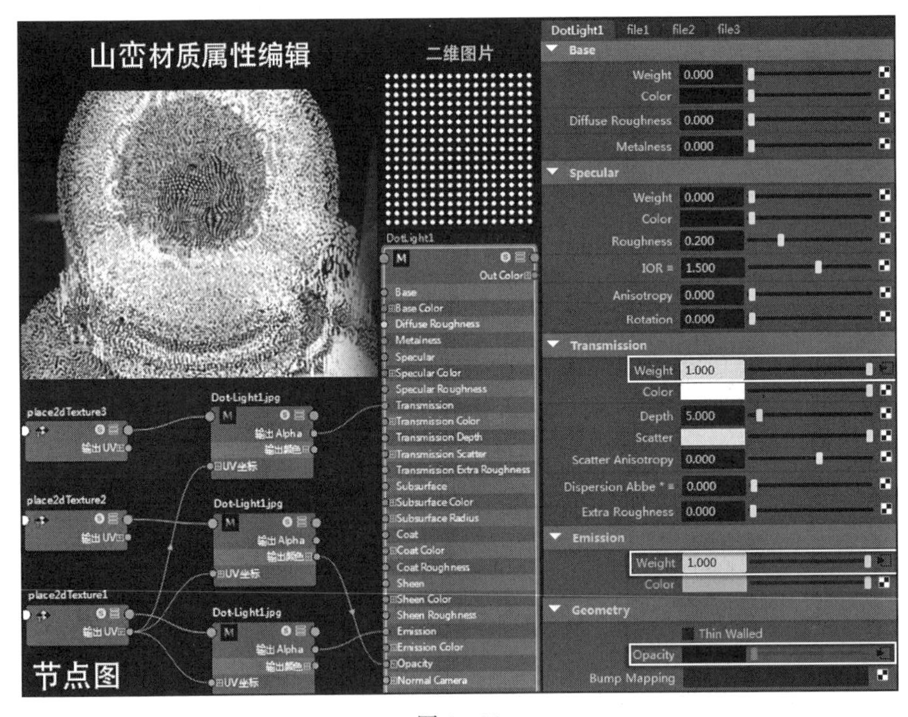


图 3 - 95

纹理贴图，然后调整分形纹理的各参数和 UV 坐标参数（见图 3 - 96）。

本案例的地板材质只是用了凹凸贴图，在 Bump Mapping 栏中导入 Bulge 程序纹理，修改 UV 向宽度，调整凹凸深度（Bump Depth），该数值超过整数 1 后基本失效，如果是负

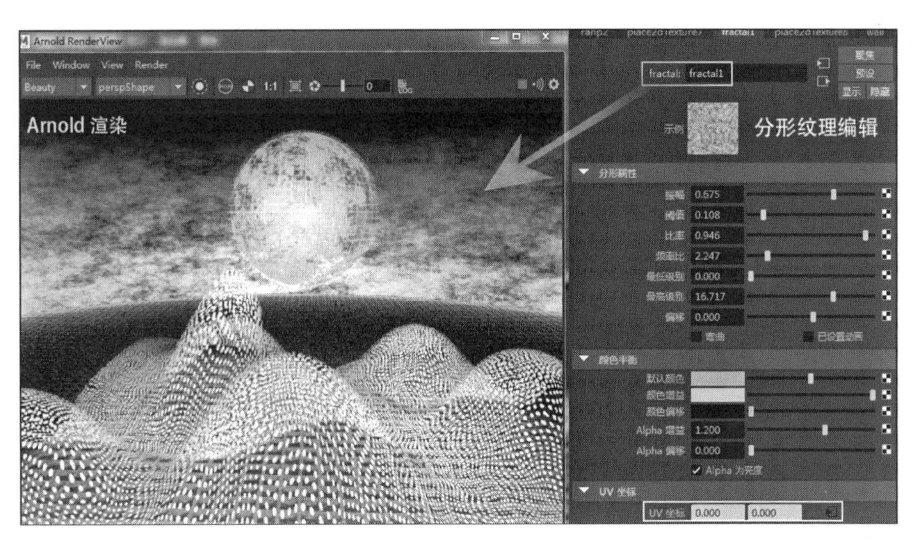


图 3 - 96

数则是反向凹凸。如果在相关参数栏中导入一些工具节点如 Ramp、Noise 等，会带来意想不到的效果(见图 3 - 97)。

图 3 - 97

# 第四章

# MAYA 灯光

## 第一节 全局光照

自 20 世纪 90 年代开始，传统的 3D 渲染通常使用光栅化算法，光栅化使用三角形或多边形网格创建的模型，渲染管道将 3D 模型的每个网格转换成 2D 图像平面上的像素，这些像素在屏幕显示之前被处理或“阴影化”，虽然光栅化可以非常高效地实时生成图像，但流水线式增加光照效果会增加复杂性，手动调节参数也会更多，于是更加需要使用技巧或参数调节经验，这将影响最终效果的真实性。全局光照通过模拟光的物理行为，通过跟踪光线从观看者的眼睛到达场景的各个物体，并计算其相互影响，得出逼真的渲染效果。

光照算法大致分为两大类：直接照明和全局照明。直接照明是老式渲染引擎（如 3D Studio）所采用的主要光照方法。光源向物体投射光线，在暗部和投影处形成黑暗区域，若没有其他光照或物体反射光照射，黑暗区域将是死黑一片。在现实中，暗部和阴影不是绝对黑的，因为周围物体总会有反射光出现。如果让所有物体都接受到一个普遍辅助光照解决死黑问题，生硬而不真实，20 世纪 90 年代国内使用 3DS 软件做效果图时，会在每个主要物体旁手工设置辅助光源模拟反射光线。随着全局光照算法的不断演进，从光线只投射不反射，到模拟光线遇到漫反射表面时只折射一次，再到模拟光线在场景中多次反射。尽管仍是在模拟光照，但场景中每个物体在间接光照的影响下，被渲染得越来越真实。

全局光照（Global Illumination，简称 GI）是指既计算直接光照又计算间接光照的一种渲染技术，因为计算了光线在物体之间的反射，所以，全局光照下的物体暗部能有真实的亮度和更多的细节。反射、折射、阴影都属于全局光照的范畴，模拟计算时不仅要考虑光源对物体的直接作用，还要考虑物体之间光线的相互反射作用。镜面反射、折射、阴影不需要复杂的光照方程求解计算和迭代计算，但是反射方向近似随机的漫反射需要多次迭代，直到光能分布达到基本平衡状态。

常见的全局光照主要算法流派如下：光线追踪（Ray Tracing）、路径追踪（Path Tracing）、光子映射（Photon Mapping）、辐射度（Radiosity）、环境光遮蔽（Ambient

Occlusion)、基于点的全局光照(Point Based Global Illumination)、梅特波利斯光照传输(Metropolis Light Transport)、球谐光照(Spherical Harmonic Lighting)、基于体素的全局光照(Voxel-based Global Illumination)、光传播体积全局光照(Light Propagation Volumes Global Illumination)、基于深度 G 缓存的全局光照(Deep G-Buffer Based Global Illumination)。每种流派又有多种改进和衍生算法。如知名度颇高的光线追踪派系,其实就是一个框架,符合条件的都可称为光线追踪,其又分为递归式光线追踪(Whitted-style Ray Tracing)、分布式光线追踪(Distribution Ray Tracing)、蒙特卡洛光线追踪(Monte Carlo Ray Tracing)等。路径追踪派系又分为蒙特卡洛路径追踪(Monte Carlo Path Tracing)、双向路径追踪(Bidirectional Path Tracing)、能量再分配路径追踪(Energy Redistribution Path Tracing)等。其中有些派系又相互关联,如路径追踪就是基于光线追踪,结合蒙特卡洛方法而成的新派系。下面以光线追踪和路径追踪派系为例,简单总结全局光照技术在 1968—1997 年间的发展。

**1. 光线投射**

作为光线追踪算法中的第一步,光线投射(Ray Casting)理念最早于 1968 年由 Arthur Appel 在论文"Some techniques for shading machine rendering of solids"(《实体着色机渲染技术》)中首先提出。其具体思路是视平面上每个像素射出一条射线,直到最近的物体挡住射线路径,综合每条射线获得的物体信息,如位置、色彩、亮度,在视平面上形成图像(见图 4-1)。

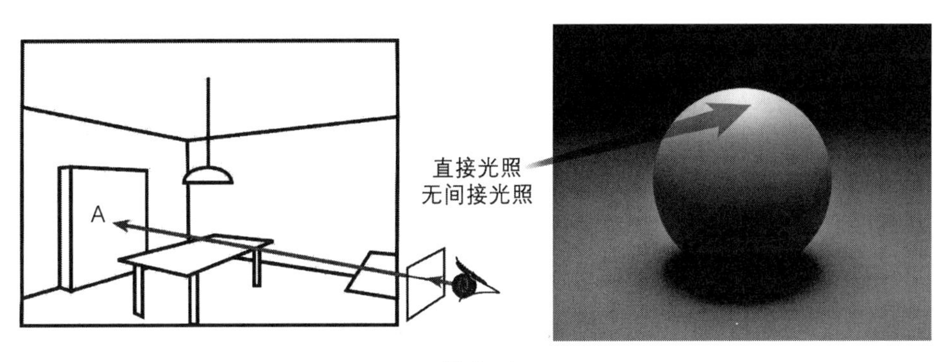


图 4-1

**2. 光线追踪**

1979 年,Turner Whitted 在光线投射的基础上,加入光与物体表面的交互,让光线在物体表面沿着反射、折射以及散射方式继续传播,直到与光源相交。这一方法后来也被称为经典光线跟踪方法、递归式光线追踪(Recursive Ray Tracing)方法。光线跟踪其实是个框架,不是方法,符合这个框架的都叫 Ray Tracing。光线追踪渲染算法跟踪的是从眼睛发出的光线而不是从光源发出的光线,从视点向成像平面上的像素发射光线,找到与该光线相交的最近物体的交点,如果该点处的表面是散射面,则计算光源直接照射该点产生的颜色；如果该点处的表面是镜面或折射面，则继续向反射或折射方向跟踪另一条光线，如此递归下去，直到光线逃逸出场景或达到设定的最大递归深度（见图 4－2）。

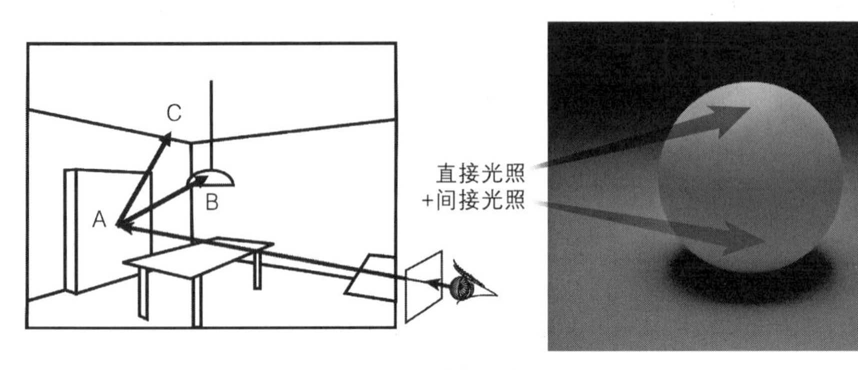


图 4－2

该算法对于反射与折射有很好的模拟效果且效率很高，Mental Ray 渲染器就是这种光线追踪算法的代表。在 Mental Ray 中，GI 和 FG 是两种完全不同的全局光照算法，相辅相成，GI 负责总体直接光照计算，FG（Final Gather，最终聚集）负责间接光照的深度计算。这里 GI 最大的问题是，需要巨量的光子数目才能得到较好的渲染效果，而且在局部容易聚集过量的光子，造成局部曝光过度。它的另一个问题是无法产生好的环境光吸收效果，即 AO 效果，造成阴影产生类似焦散的亮斑，严重影响光照效果的真实度。FG 能够计算每个物体对周围物体的光线影响，即充分发挥间接光照作用，也能产生环境光吸收效果，弥补了 GI 算法。

光线跟踪的最大缺点是效率，因为需要的计算量非常大，以至于当时的电脑硬件很难满足需求。传统的光栅图形学中的算法，利用数据的一致性从而在像素之间共享计算，但是光线跟踪是将每条光线当作独立的光线，每次都要重新计算。虽然这种独立光线也有一些好处，比如即使有更多的光线也能避免混叠现象，从而提高图像质量。但光线跟踪并不是再现真实，只是在模拟真实，即使是完全实现渲染方程也只是极度逼近真实，渲染方程是在描述每个光束的物理效果，但是这只是理论上的，考虑到所需要的计算资源，这事实上是无法实现的。所有可以实现的渲染模型都只是渲染方程的近似，而不同的渲染算法，都力求解决部分的问题，没有十全十美的渲染算法，光线跟踪也不是最优选。

**3. 分布式光线追踪**

Cook 于 1984 年引入蒙特卡洛方法（Monte Carlo Method），将经典的光线跟踪方法扩展为分布式光线跟踪算法（Distributed Ray Tracing），又称随机光线追踪，该算法可以模拟更多效果，如金属光泽、景深、运动模糊等。蒙特卡洛算法并不是一种算法的名称，而是对一类随机算法的特性概括。

随机算法就是指在采样不全时，通常不能保证找到最优解，只是尽量找，根据追求结果高质量和解决高效性的不同侧重，可以把随机算法分成两类：一类是蒙特卡洛算法，采样越多，越近似最优解，尽量找好的，但不保证是最好的；另一类是拉斯维加斯算法，采样越多，越有机会找到最优解，尽量找最好的，但不保证能找到。如果问题要求必须给出最优解，但对采样没有限制，那就用拉斯维加斯算法。对于机器围棋程序而言，因为每一步棋的运算时间、堆栈空间都是有限的，而且不要求最优解，所以，机器围棋涉及的随机算法肯定是蒙特卡洛式。蒙特卡洛和拉斯维加斯也是两座著名赌城的名字，因为赌博中体现了许多随机算法，所以借过来命名。

### 4. 渲染方程

在前人的研究基础上，Kajiya 于 1986 年进一步建立渲染方程（The Rendering Equation）的理论，第一次将渲染方程引入计算机图形学，并使用它来解释光能传输产生的各种现象。这一方程描述了场景中光能传输达到稳定状态以后，物体表面某个点在某个方向上的辐射率（Radiance）与入射辐射亮度等的关系。可以将渲染方程理解为全局光照算法的基础，随后出现的很多全局光照算法，都是以渲染方程为基础，进行简化的求解，以达到优化性能的目的。渲染方程根据光的物理学原理以及能量守恒定律，完美地描述了光能在场景中的传播。很多真实感渲染技术都是对它的一个近似。

### 5. 路径追踪

Kajiya 于 1986 年提出路径追踪（Path Tracing）算法，开创了基于蒙特卡洛方法的全局光照，是第一个无偏差（Unbiased）渲染算法。该算法的基本思想是从视点发出一条光线，光线与物体表面相交时根据表面的材质属性继续采样一个方向，发出另一条光线，如此迭代，直到光线打到光源上或逃逸出场景，然后用蒙特卡洛方法对场景进行路径采样，对每条光线路径的贡献值进行平均求和的蒙特卡洛积分计算。使用蒙特卡洛方法对积分的求解是无偏的，只要时间足够长，最终图像能收敛到一个正确的结果，但单向路径追踪渲染的短板是透明材质和焦散渲染。

路径追踪算法已经是当下工业中离线渲染使用的主流技术，不管是商业渲染器如 RenderMan，Arnold，还是迪士尼的 in-house 渲染器 Hyperion 以及 Weta 工作室的 Manuka 渲染器，都是基于路径追踪技术。自基本的路径追踪算法被提出以来，各种增强改进的方法被整合进来，然而，上述路径追踪技术的“基础架构”几乎没有多少实质性变化。对于任何行业而言，主流的技术一般不是当下最先进的技术，而是最成熟可工业化的方案，当前工业中的路径追踪技术优化主要集中在优化算法的执行效率，主要是针对处理器硬件架构进行优化。

### 6. 双向路径追踪

MC、Lafortune、Willems、Veach 和 Guibas 在 1994 年提出双向路径追踪（Bidirectional Path Tracing，BPT）算法，BPT 除了追踪视点投射光线的路径外，还追踪光源发射光线的路径，从视点和光源分别发出的光线，经过若干次反弹后，视点子路径（eye path）和光源子路径（light path）上的顶点被连接起来，连接时需要测试可见性，以快速产生很多路径。这种方法能够产生单向路径追踪难以采样到的光路，所以能够很有效地降低噪声(Noise)。Veach 于 1997 年将渲染方程改写成对路径积分的形式,允许多种路径采样的方法来求解该积分。BPT 在间接光线丰富的空间环境中非常实用高效,在焦散渲染方面比单向路径追踪更好、更快,但还存在一些问题,如在一些镜面反射和漫反射表面场景中的控制不好,例如,在被玻璃封闭的汽车或建筑空间内出现亮斑。

**7. 梅特波利斯光照传输**

Eric Veach 等人于 1997 年提出了梅特波利斯光照传输(Metropolis Light Transport, MLT)算法。路径追踪中的一个核心问题就是怎样尽可能多地采样一些贡献大的路径,而该方法可以自适应地生成贡献大的路径,简单来说,它会避开贡献小的路径,而在贡献大的路径附近做更多局部的探索,通过特殊的变异方法,生成一些新的路径,这些局部的路径的贡献往往也很高。与双向路径追踪相比,MLT 更加鲁棒(robust),能处理各种复杂的场景。比如,整个场景只通过门缝透进来的间接光照亮,此时,传统的路径追踪方法因为难以采样到透过门缝这样的特殊路径而产生非常大的噪声。

**8. 辐射度算法**

辐射度算法(Radiosity)是 1984 年由康奈尔大学的 C. Goral, K. E. Torrance, D. P. Greenberg 和 B. Battaile 在论文"Modeling the interaction of light between diffuse surfaces"(《漫射表面之间的光线的交互建模》)中提出的。该理论其实在工程中早有应用,用以解决辐射热传导中的问题。辐射度算法的基本原理是任何击中表面的光都被反射回场景中,这里说的任何光线不仅指光源的直接光线,也指所有物体的反射光线。辐射度渲染器工作的前提是取消对物体和光源的划分,视所有物体为潜在光源,任何物体都参与多次反复反射光线,因此需要把所有物体的复杂直接光照和间接光照相加起来,从而产生更细腻、更真实的阴影和暗部。该算法主要聚焦在漫反射上,对于镜面反射和透射关注不够,导致无法解决一些材质的复杂表现,如反射模糊、焦散、SSS 等。

辐射度算法的渲染方式是遍历法,即被显示的场景中所有面片被分成小格面片,依次计算每个小格所接受及反射的光线,等全部计算一遍后再来第二遍、第三遍、第四遍……,一直继续下去,直到渲染效果看起来逼近真实了,才会手动终止遍历式渲染。第一次遍历渲染时,只有接受直接光照的区域是有一定亮度颜色的,其余区域是死黑一片。而那些接受了光照的面片就成为光源,在下次遍历渲染时发射光照到周围能触及的面片。第三次遍历产生了光线折射两次的效果,场景稍微变亮了。下一次遍历也仅让场景更加明亮,甚至第 16 次遍历也并没有带来很大的不同。在那之后已经没有必要做更多的遍历了。辐射度过程的每一次遍历都给场景带来一些轻微变化,直到产生的变化趋于稳定。根据场景复杂度的不同以及表面的光照特性,可能需要几次或几千次遍历不等。

Lightscape 渲染软件是该算法的代表,在室内空间光影效果的真实度和细腻度方面,其他很多渲染器是难以抗衡 Lightscape 渲染器的。Lightscape 于 1996 年由德赛公司引进中国,1997 年后在国内逐渐流行,2000 年以后 Lightscape 软件已经在全国大规模商业普及。Lightscape3.2 是 ATUTODESK 收购 Lightscape 后推出的第一个改进版本，但随后就停止了研发升级，2005 年以后，Lightscape 被 Vray 等渲染器取代。

## 第二节　MAYA 光照工具

### 1. 灯光定位

创建的灯光会出现在界面上的坐标原点处，需要通过移动和旋转获得满意的位置和角度，为了更有效率和更准确地定位灯光的位置和角度，可以通过以灯光的视角看场景来定位灯光。先让灯光处于选择状态，再点击透视窗口上端的“面板—沿选定对象观看”，透视窗口就以灯光的视角显示画面，按住 Alt 键同时按鼠标右键可以放大或缩小画面，按左键旋转画面，在画面的中心区域就是该灯光的照射中心，让窗口上端的“使用所有灯光”按钮处于激活状态，可以更直观地看到灯光的范围和强度。在获得满意位置后，点击窗口上端的“面板—透视—persp”，让窗口回复到透视摄影机状态（见图 4－3）。

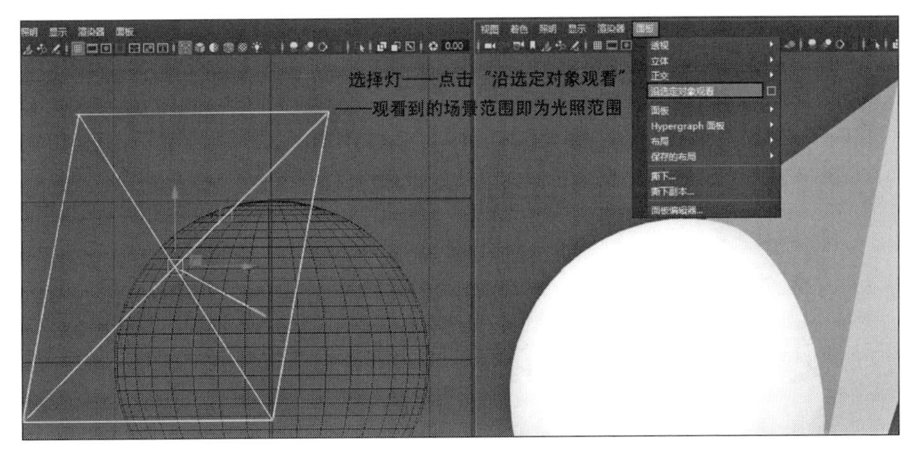


图 4－3

### 2. 光照调节

MAYA 自带灯光既可以用“平行光属性”栏目下的“强度”进行调节，也可以用 Arnold 栏目下的“曝光度”调节灯光强度，曝光度调节的灵敏度远大于强度调节，也可仅调节曝光度，如果“强度”设为 0，则“曝光度”调节失效，默认的“强度”为 1，“曝光度”为 0。如果暂时不需要让该灯光参与渲染但又不想删除它，可以取消勾选“默认照明”。如果能用 Arnold 自带灯光满足光照的，就尽量别用 MAYA 自带灯光，Arnold 自带灯光类型中其实缺少 MAYA 平行光和点光源这两类，但如今 MAYA 发展出强大的“MeshLight”光照方式，可以为各种形状的点光源或物体光源提供高质量光照。以 MAYA 自带的平行光（设为暖黄色）结合 Arnold 自带的天空光（设为天蓝色），是一个不错的模拟晴天光照系统，也适用于其他一些光照环境。以平行光为主光源，天空光为环境光，强度减到很弱，如果能以少量光源达到光照目的，就尽量少加光源，让物体光照保持干净有序。实际操作中会有很多次的灯光模拟渲染，这时可以把灯光那些消耗资源的参数设定得低一些，渲染设置中的参数也设置得低一些，等到光照效果合乎要求了，再把灯光和渲染参数设定到需要的精度。

3. 基于图像的光照

基于图像的光照(Image Based Lighting，IBL)是让贴图的每个像素成为一个光源，与直接光照不同，它将周围环境当成一个特大光源。IBL 通常结合环境贴图，贴图通常采自真实的照片或 3D 场景生成，这样可以更有效地捕获全局光照和常规感观，让环境光和环境视觉更加紧密地结合，也增加了环境贴图的丰富性。当基于图像的光照算法获得全局环境光照时，它的输入被当成更加精密的环境光照，甚至是一种简化版的全局光照模拟。这使得 IBL 有助于 PBR 渲染，使物体渲染效果更加逼近物理真实，尤其是让具有反射性的物体具有了真实的反射图像。

HDRI 是 High-Dynamic Range Image(高动态范围图像)的缩写，普通 RGB 格式图像仅有 8bit 的亮度范围，RGB 图像最大亮度值是 255/255/255，最亮的白色也不足以提供足够的亮度来模拟真实世界，渲染结果平淡。HDRI 是一种亮度范围非常广的图像，有更大亮度的数据贮存，而且记录亮度的方式与传统的图片不同，是用直接对应的方式而不是用非线性的方式将亮度信息压缩到 8bit，相当于将更大的亮度值加到光能传递计算中。大部分 HDRI 文件是全景图形式的，但 HDRI 与全景图有本质的区别，全景图是包含 360 度场景的普通图像，并不带光照信息(见图 4-4)。

图 4-4

应用 HDRI 高动态图营建全局光照有两个方法，一个是点击“渲染设置—环境(Environment)”，在弹出的“天空光属性”(Sky Attributes)中设定 Color 和 Intensity，一般是在 Color 栏中导入 HDRI 高动态图，根据渲染小图调整 Intensity，但要想营造出强烈的光照效果是不可能的，只能是柔和光照，如果 Intensity 设置过大，物体获得了较理想的光照，但背景的高动态图却曝光过度了。在该方法中，可供调节的参数很少(见图 4-5)。

图 4-5

另一个方法是结合 Arnold 的天空光源(SkyDomeLight)，点击 SkyDomeLight 创建天空光源，在其属性编辑栏的 Color 栏导入高动态图，过滤器类型可设为 Mipmap，Intensity 默认值为 1，设定 Exposure 值为 1，打开 Arnold 渲染窗口，查看光照强度是否足够，在属性编辑栏的 Visibility 下，设置 Camera 值为 0，这样，在 Arnold 渲染时，就可屏蔽掉高动态图背景，只有物体本身。如果设置 Diffuser 为 0，所有的颜色信息不可见，物体成全黑(见图 4-6)。

图 4-6

#### 4. 自发光物体

物体自发光在虚拟环境空间表现中会广泛应用到，结合工具节点和程序纹理、贴图纹理，自发光让物体的材质表现更加丰富多彩。如果是使用 Lambert、Blinn、Phone 材质，在该材质属性编辑栏下的“公用材质属性”，第四排的“白炽度”即为自发光强度，同时也是自发光颜色调节器。在 Arnold 标准曲面材质的属性编辑栏中，点击“Emission”栏，加大 Weight 的数值则提升自发光的强度，也可以点击黑白小方块导入贴图或程序贴图，如

图 4－7 所示，在 Weight 栏导入匀值分形程序纹理，调节好分形程序纹理，再把同样坐标的纹理赋予 Geometry 栏下的 Opacity，然后在该物体属性编辑栏下的 Color 控制自发光色彩，也可以用各类贴图来控制（见图 4－7、图 4－8、图 4－9）。

图 4－7

图 4－8

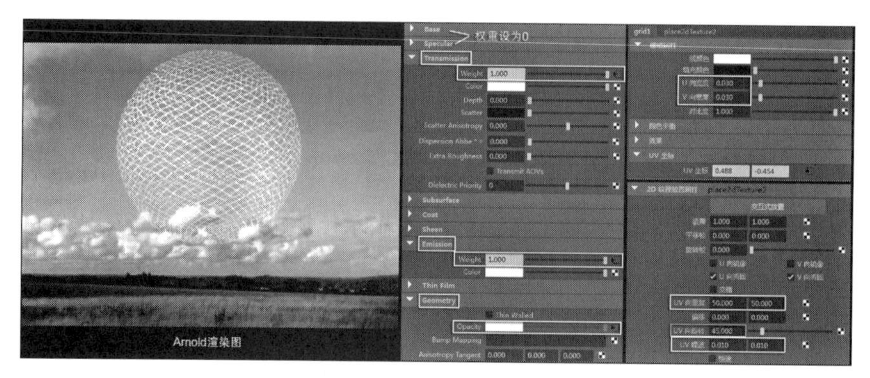


图 4－9

物体自发光的应用方式多种多样，点、线、面、体都可以成为发光体，同时还可以运用 Arnold 标准曲面材质的多个材质编辑通道，使材质的自发光更具有效果。在图 4-10 中，就是让 Emission、Transmission、Opacity 各个通道同时参与自发光效果的营造。

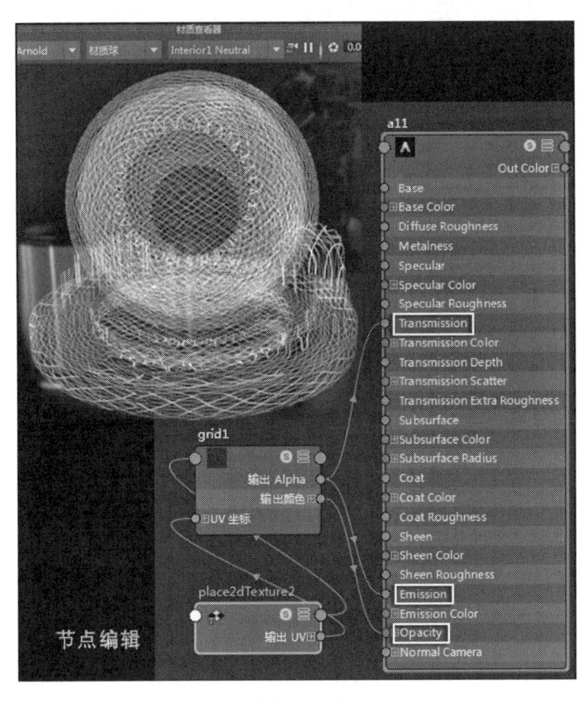


图 4-10

在设置多通道的贴图纹理时，可以结合节点编辑方式，用鼠标拖动某个节点图标到右侧属性编辑栏中的某个属性，在节点图表区就可看到对应节点的链接。也可以直接在节点编辑区用线连接相关的属性，这需要一定的经验和逻辑思维。比如在图 4-10 中，Grid1 节点就被连接到材质 a11 的三个属性通道，点击并编辑这个 Grid1 节点就可以改变这三个属性，同时让贴图坐标具有一致性，即发光部位和透空部位是完全对应的。其他具体应用可以参见第三章第六节最后一个实例。

## 第三节　MAYA 光源属性

MAYA 软件自带六个光源，分别是环境光（ambientLight）、平行光（directionalLight）、点光源（pointLight）、聚光灯（spotlight）、区域光（areaLight）、体积光（volumeLight）（见图 4-11）。其中最常用的是平行光和聚光灯，环境光和体积光没有 Arnold 控制属性栏，在 Arnold 渲染器无效，这两个光源已经废弃，余下四个都有 Arnold 控制属性栏接管。被 Arnold 接管的 MAYA 自带光源也成为追求物理真实的光照，原先可以违背物理规律的设置几乎全部被取消了，比如光线的分段等。虽然失去了创造的可能性，但获得了真实性和可控性，极大地提升了渲染效果和操作效率。这些灯光的创建可以在菜单“创建—灯光”中点击，也可以在工具架点击图标，创建后，大纲视图中会有显示。

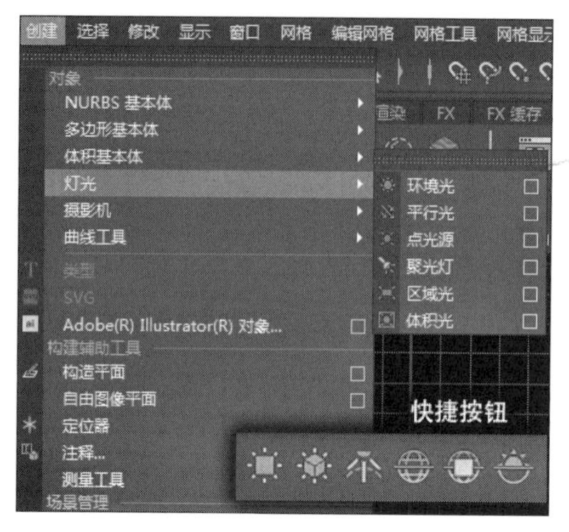


图 4－11

MAYA 的灯光属性参数主要是灯光属性（Light Attributes）、灯光效果（Light Effects）和阴影（Shadows）。在聚光灯基本属性中，一般调整以下几个属性：(1)强度（Intensity），数值越大，灯光越强，默认值为 1；(2)衰退速率（Decay Rate），有无衰退（No Decay）、线性衰退（Linear）、平方衰退（Quadratic）、立方衰退（Cubic）四种模式，一般采用平方衰退模拟真实效果，但该模式在 Arnold 渲染器中无效，光线衰退速率的自主性调节不符合物理真实。(3)圆锥体角度（Cone Angle），用来调节聚光灯光域的大小；(4)半影角度（Penumbra Angle），控制灯光光域边缘的衰减程度和光域轮廓的虚实；(5)衰减（Dropoff），控制光线向内衰减的程度，即光照集中于中心区域，结合半影角度可使光线更真实（见图 4－12、图 4－13）。

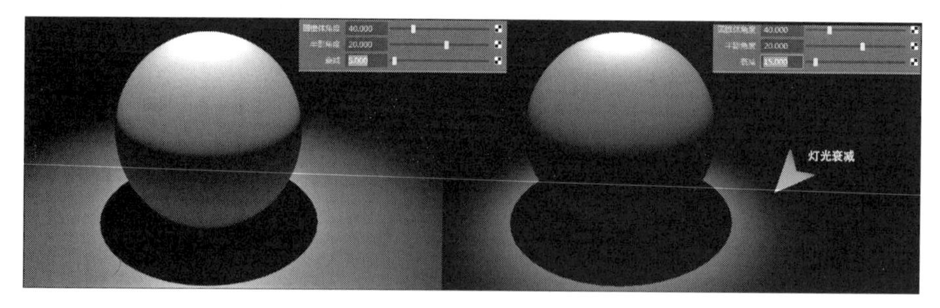


图 4－12

聚光灯“灯光效果”栏中的“灯光雾”在 Arnold 渲染器中无效。阴影颜色可以调节物体投影的明度，但不建议调节。聚光灯的阴影属性栏中，深度贴图阴影和光线跟踪阴影的属性调节已经在 Arnold 渲染器中无效，Arnold 通过新增的属性栏完全接管了聚光灯绝大部分属

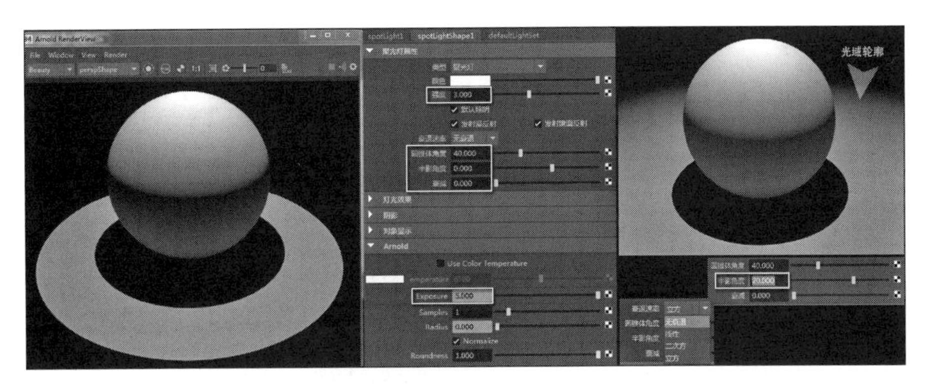


图 4－13

性编辑。除了圆锥体角度、半影角度、衰减三个属性保留着，Arnold 属性栏新增了 Radius、Roundness、Aspect Ratio、Lens Radius 四个灯光属性，曝光度（Exposure）是一个最重要的灯光属性，每一个 Arnold 管控的光源都有该参数，它相当于 MAYA 光源的强度，但在软件中曝光度远比强度敏感，略微增加数值就会有明显的光照变化。

Radius 可以控制光照的阴影边缘，数值越大，阴影边缘越模糊，阴影面积也相应减少，但总体光域范围不变，总体光照能量也不变，随着阴影模糊及面积减少，亮部的光能也不再集聚。Roundness 是调整光域边缘轮廓的方圆程度，数值越大，光域轮廓越偏向圆形；数值越小，越偏方形。Aspect Ratio 是调整光域轮廓的长宽比，数值若在 0—1 之间变动，越接近 0，长宽比越大，正圆变成狭长椭圆，数值为 1，则是正圆；若超出 1，则数值越大，长宽比越大。Lens Radius 可调节聚光灯光锥的起点从光点成为面，也可调节光域范围的扩大，该数值无上限，下限为 0，也是默认值，该数值越大，则光域范围越大，但光强按比例减弱，即总光照能量不变，面积变大了，分配到的光照就弱了，该参数与 Arnold 属性栏下的“Normalize”的作用很接近（见图 4－14、图 4－15、图 4－16、图 4－17）。

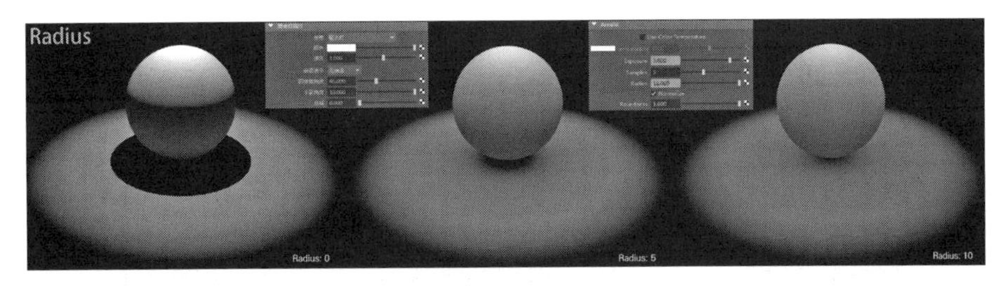


图 4－14

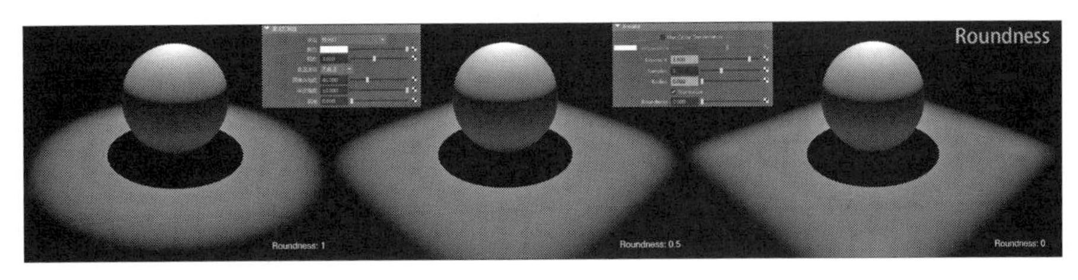


图 4－15

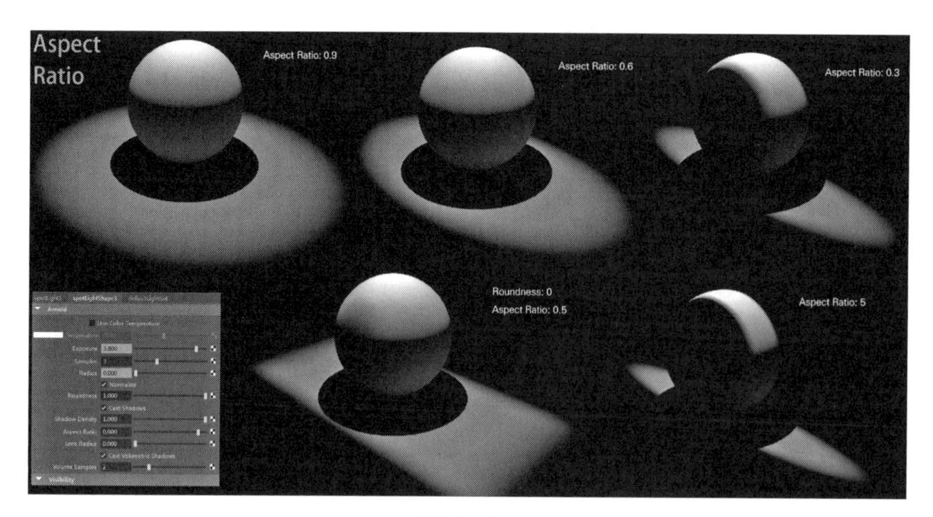


图 4－16

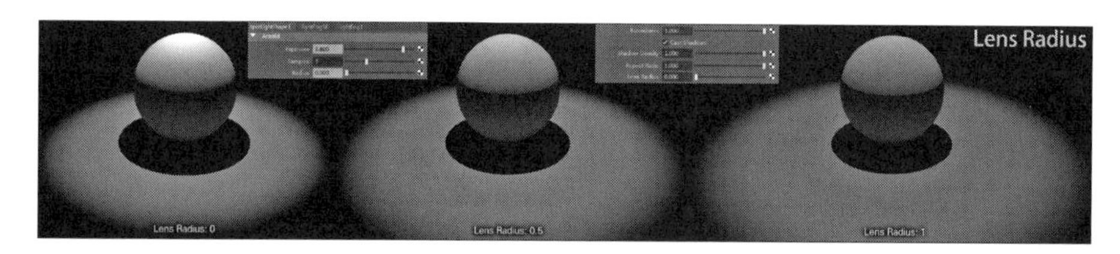


图 4－17

深度阴影和光线跟踪阴影是以前 MAYA 渲染器(如 MentalRay)的阴影模式，深度阴影是完全模拟的，追求渲染速度，舍弃光影质量，效果生硬而死板，如果加上阴影模糊效果，物体底部的阴影就发虚。光线跟踪阴影在质量和速度间求得平衡，解决了阴影发虚问题，但它和 Arnold 不是一个算法(见图 4－18)。

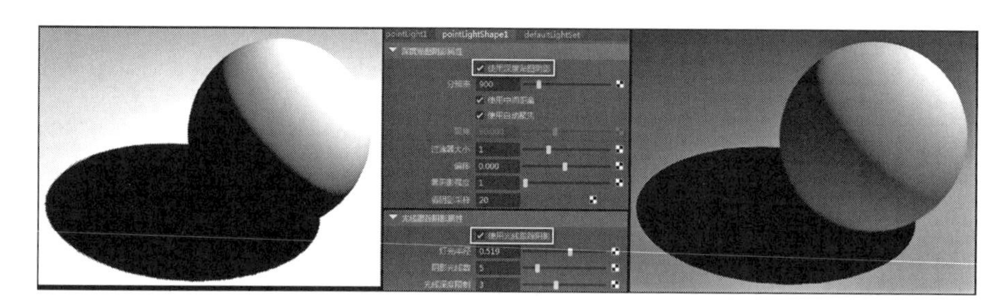

图 4－18

平行光是一个应用较广的光源，它无始无终、无边无际，但有方向性的特点，让它容易操控，一般被当作太阳光使用。该光源的原有属性极简单，就只有颜色和强度，Arnold 新增了一个栏目，包含三个参数，曝光度可以代替上面的强度，也可以同步调节。角度(Angle)控制投影的边缘模糊程度，这关乎渲染效果的真实度，虽然会略微增加些渲染时间。Samples 是取样值，关系到光照精度，可以视最终精度要求适度调整（见图 4－19）。

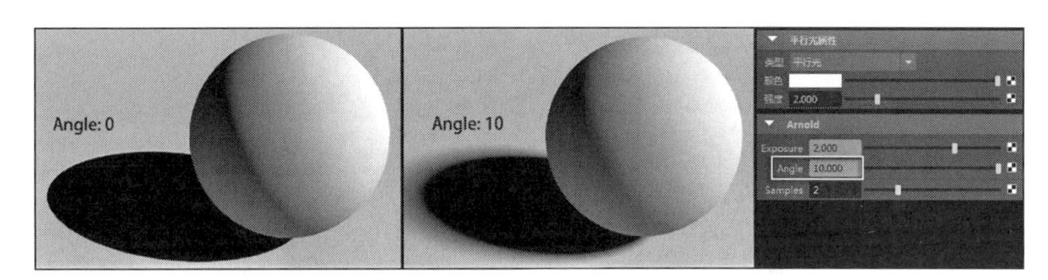


图 4－19

点光源是一个无边无际、无方向的光照，适合做辅助光源或灯具光源，该光源的原有属性也极简单，只有颜色和强度。在新增的 Arnold 栏目下，有三个主要参数：Exposure、Samples、Radius，Radius 是控制阴影模糊程度的参数，数值越大，阴影边缘越模糊，面积也越小，但该数值不能过大，否则，会让光域区域变全黑，具体数值与光源、物体距离有关，不建议让阴影太模糊。该光源的取样值大小对阴影质量的影响并不明显（见图 4－20）。

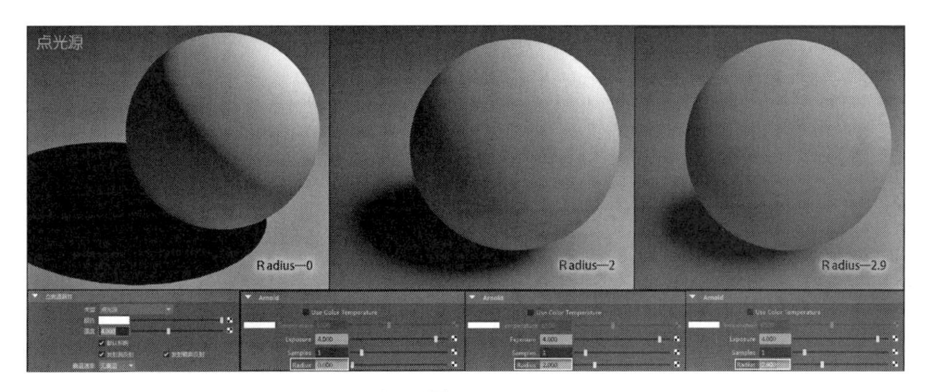


图 4－20

区域光相当于 Arnold 的面光源，在原先的颜色和强度参数下，新增了 Arnold 栏目下的 Exposure、Samples、Resolution、Spread 参数，其中的 Spread 是区域光和面积光独有的参数，这和该光源的特征有关，长方形光源具有边框，需要赋予光照一个扩散程度的数值。与聚光灯相同的是，都可以控制光照的扩散角度；与聚光灯不同的是，聚光灯的发光点是一个小点，区域光的发光点是一个矩形平面，而且区域光和面积光的光域边缘都很模糊，难以控制。Spread 的数值越大，光照角度越大，但同时光照强度也会被稀释（见图 4－21）。

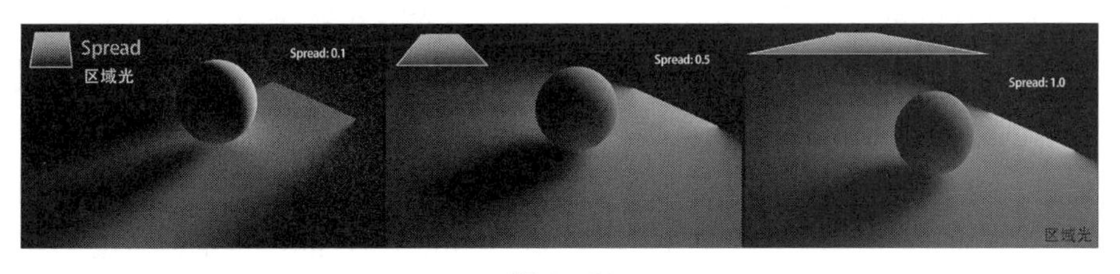


图 4－21

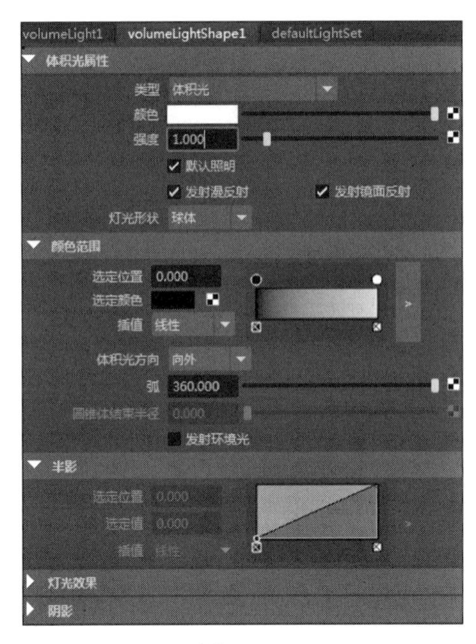


图 4－22

体积光是一个有特色的光源，拥有光照、颜色、阴影三类属性设置，对于光线各类属性有一定的控制力，是对点光源的补充，适合做蜡烛光等光照范围有限的弱光源。但如今在MAYA 的所有渲染器中都无法应用（见图 4－22）。

## 第四节 Arnold 雾效属性

灯光雾和体积雾是渲染气氛的重要空间表现工具，如果是天光环境，基本就是用体积雾（环境雾），即 Arnold 渲染设置中的“environment—Atmosphere—aifog”，在 aifog 的属性编辑器的 fog attributes 栏中，共有五个参数，Color 控制雾的颜色，Distance 控制雾的浓度，也就是雾的能见度，Height 控制雾的高度，薄雾都是聚集在地表的，ground_normal 是确定雾的方向轴。ground_point 是确定雾在方向设置的轴上的起点。后面 2 个参数比较难以把控。这类环境雾可以在后期图像和视频处理软件（如 PS、Nuke 等）中更高效地添加上去，而且有更大的再创作空间（见图 4－23、图 4－24）。

灯光雾是常用的工具，需要先点击 Arnold 渲染设置中的“environment—Atmosphere—ai AtmosphereVolume”，场景中所有光源才会出现灯光雾效果，原来的 MAYA 自带光源设置灯光雾是单独对光源自身设定的，场景中不是所有光源统一赋予雾效，这种控制杜绝了自由艺术创作，但保证了物理真实性。在如今的 Arnold 渲染系统中，MAYA 自带光源中的环境光、体积光和平行光都是没有雾效的，其余光源各有不同特点的参数控制雾效，其中，区域光源的雾效效果几乎等同于 Arnold 面积光（AreaLight）的雾效效果。

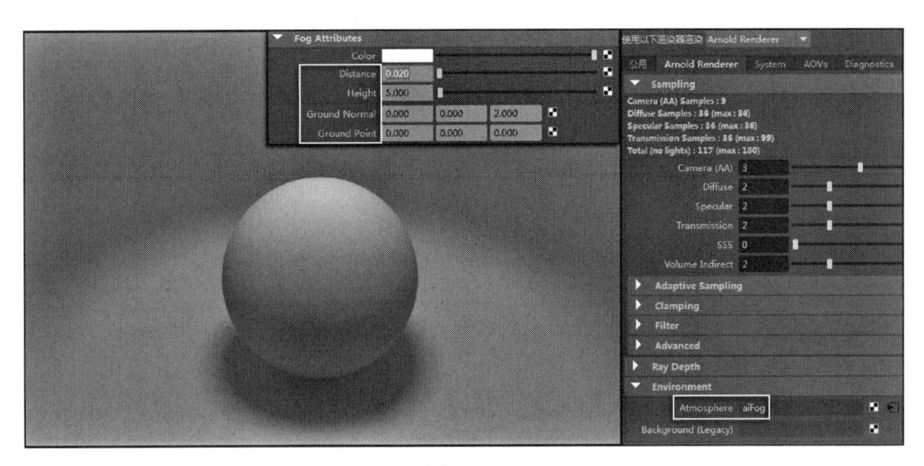


图 4 - 23

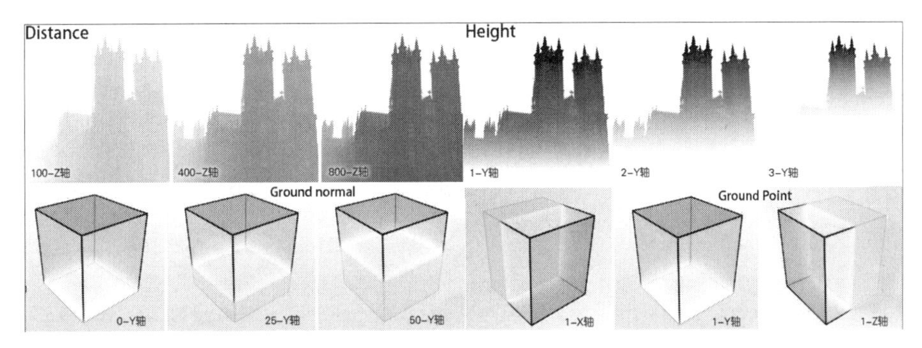


图 4 - 24

聚光灯的雾效不是在其属性编辑器中的灯光效果栏目中设置的，该栏目中的灯光雾设置在 Arnold 渲染器中无效，在 Arnold 渲染系统中，所有光源的雾效都不是单个灯可以独立设定的。点击“Atmosphere—ai AtmosphereVolume”一栏右边的小黑色三角形，右侧出现 ai AtmosphereVolume 属性编辑器，下面有六个属性参数。其中，最重要的参数 Density 默认值为 0，最大值为 1，可以点击右边的黑白小方格按钮，导入程序纹理或贴图，让雾效产生丰富变化。Color 除了可以调节颜色，也可以导入程序纹理或贴图，同样的贴图所产生的效果和 Density 通道不同（见图 4 - 25、图 4 - 26）。

Attenuation（衰减）是弱化雾效参数，它会让雾效明度整体上降低，包括光照本身，如果在该参数导入程序纹理或贴图，将会产生比较剧烈的光影变化，有助于创作一些特殊效果。Attenuation Color 其实是在赋予雾效附加色彩，但是是以对比色形式调节的，即设定为绿色，该雾效出现红色；设定为紫色，雾效出现黄色。调节该参数明度是无效的，而且该参数需要 Attenuation 的参与配合。设定好色彩后，再调节 Attenuation 的数值大小（0—1 之间），就可以让雾效的颜色纯度和色相发生剧变。也可以在 Attenuation Color 导入程序纹理，使雾效产生多样的色彩效果（见图 4 - 27）。

Anisotropy（各向异性）能够对雾效起到较大的调节作用，控制雾效的浓密程度，可以

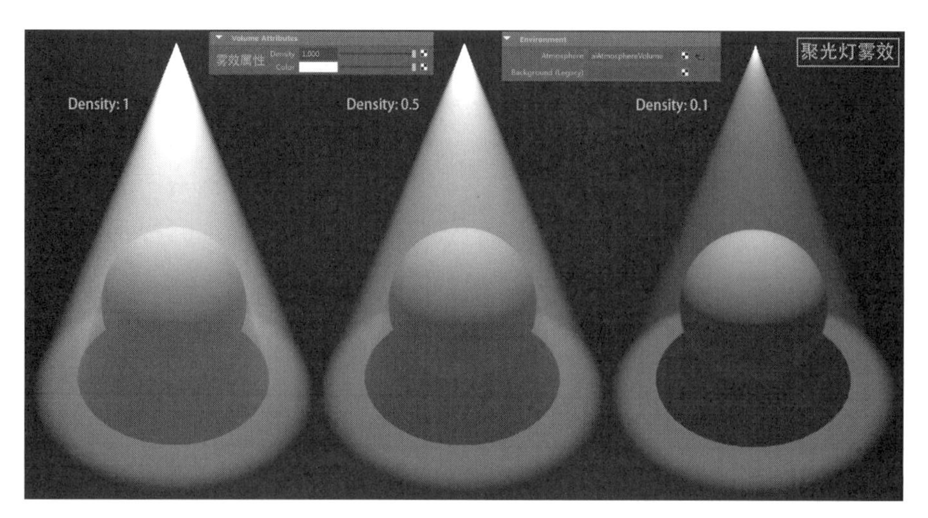


图 4－25

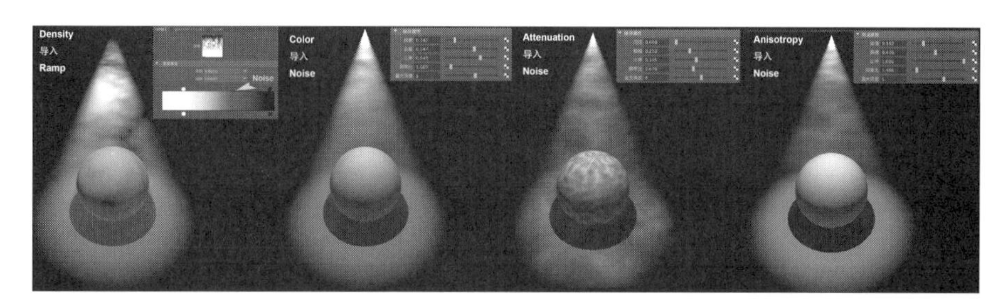


图 4－26

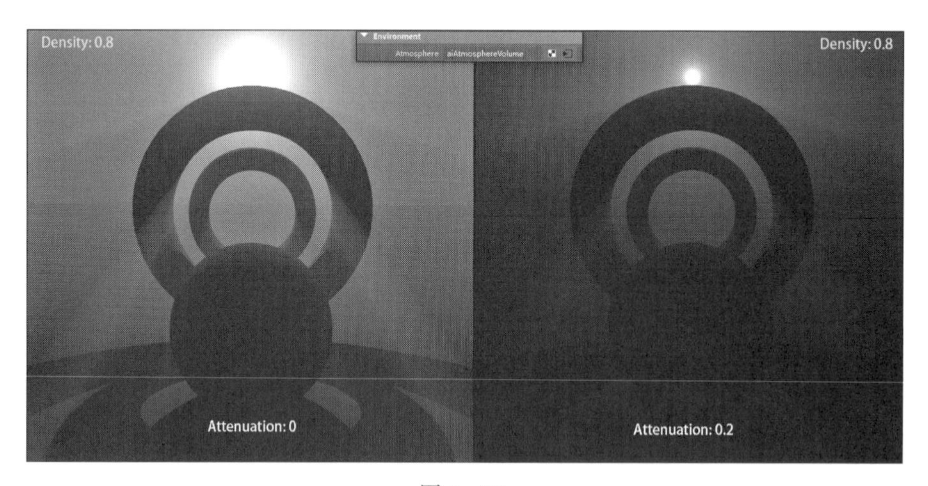


图 4－27

导入程序纹理或贴图，使雾效产生丰富变化。而且，该参数还影响雾效相对于物体的产生方位，即是在场景主体的后面产生，还是在物体前面产生，这关乎整体场景氛围的营造。Anisotropy 数值为正，则雾效包围场景中的物体；如果数值为负，则场景物体独立于雾效之外。该数值默认为 0，正负值过大影响真实性（见图 4－28、图 4－29、图 4－30）。

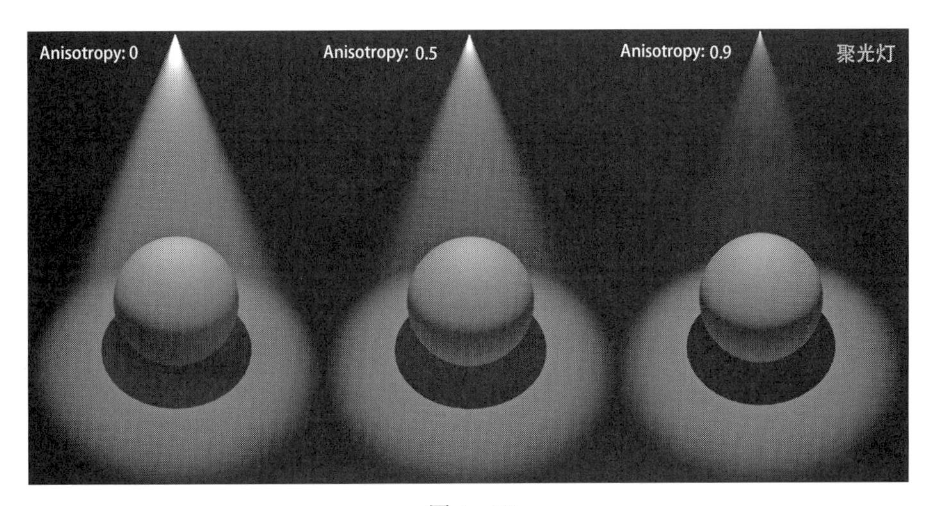


图 4－28

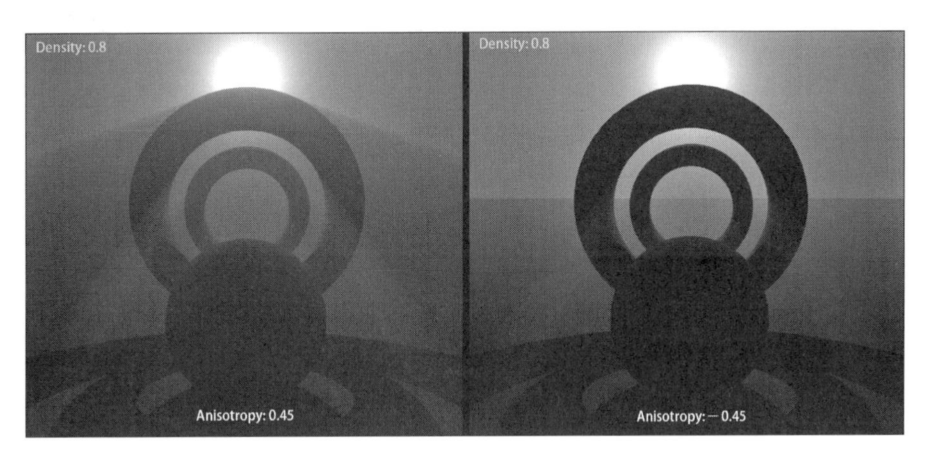


图 4－29

图 4－30

## 第五节　Arnold 光源属性

### 1. 面光源

面光源(Arealight)是 Arnold 光源中最常用的灯光类型,只要是区域性的方向光,都需要使用它,它和聚光灯最大的不同在于,面光源的光域轮廓非常模糊不清,而聚光灯的光域轮廓属性有多个参数可以调节。Arealight 除了默认的方形(长方形),可以在“light shape”中选择圆形(disk)或圆柱形(cylinder),这两种形状对于光域外形没有太大的影响,但如果是近距离光照或有反射材质,那就需要选择了。勾选 Illuminates by Default 是默认的,如果不勾选,则表示该光源不起作用了,但还存在(见图 4－31)。

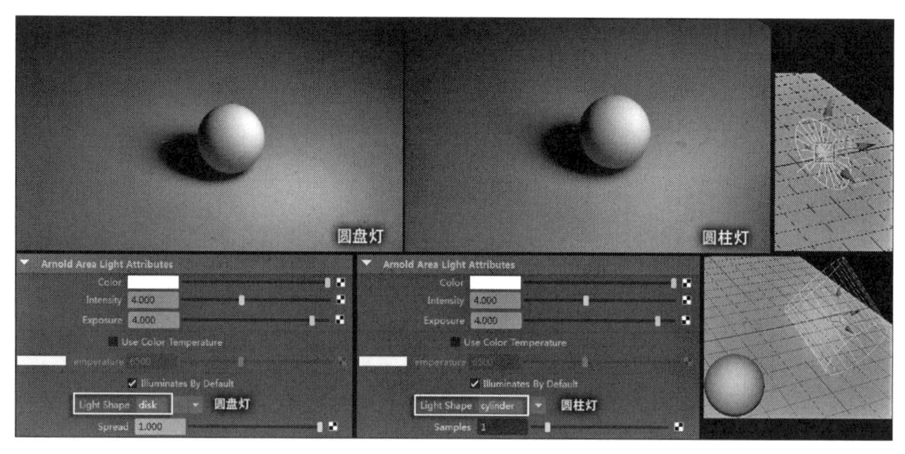


图 4－31

Spread 是面光源独有的参数,不仅 Arnold 的 AreaLight 有,MAYA 的 AreaLight 也有,它控制光源的发射角度,相当于聚光灯的圆锥角度(cone angle),Spread 的数值越大,则光线的照射角度越大,受光照面积越大,但因为光能总量不变,所以,Spread 数值越大,被照射区域的亮度越弱,默认值为 1(见图 4－32)。

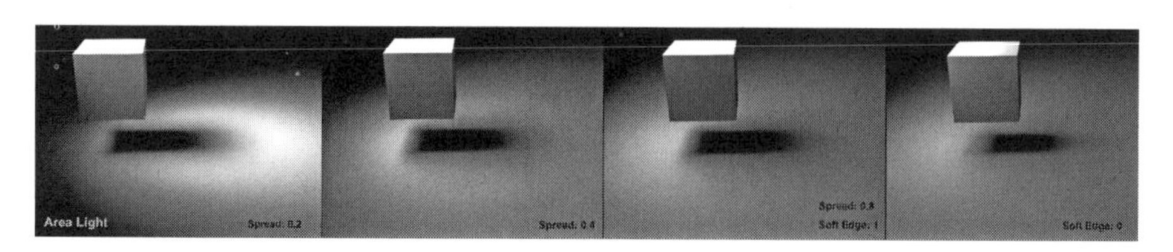


图 4－32

Resolution 默认是 512,是指光照的精确度,数值越大,意味着光照在场景中会产生更多的计算,渲染效果会更细腻,但也要考虑性价比,毕竟为一点点的效果提升花费太多时间也不划算。Roundness 参数在这里的作用不明显,该光源不像 MAYA 的聚光灯具有明显的光域轮廓,因为光域轮廓太模糊,Roundness 的数值从 0 至 1 切换,不会对 Arealight 的光域轮廓形状造成可见的影响。

Soft edge 是控制阴影边缘模糊程度的参数,默认值为 0,数值最大为 1,因为 Arealight 光源的阴影本来就很模糊,数值从 0 至 1 的变化对阴影模糊程度的影响并不明显,倒是对阴影的面积产生明显影响,数值越大,阴影面积越大,边缘虚化也更明显。Samples 是指光照的取样数,数值越大,光照计算的样本就越多,计算结果也更精确细致,但花费时间也更多,默认值是 1,可以根据场景适度提升。Shadow Density 和 Shadow Color 分别控制阴影的浓淡程度和阴影颜色,不建议修改,除非有特殊需要。

Normalize(归一化)就是要把需要处理的数据通过某种算法限制在所需要的一定范围内。体现在操作上,就是光源图标的大小改变与光照强度之间的相关性,默认是开启状态,此时用缩放工具改变光源图标大小,不会引起光照亮度的变化,只是阴影部分会随着光域扩大而显得边缘模糊。如果关闭 Normalize,缩放光源图标大小,会引起光照亮度的强烈变化,光域越小,光照亮度越弱。不建议关闭该选项,因为光照强度调节最好是由一个参数控制,那就是 Exposure,或再让 Intensity 同步(见图 4-33)。

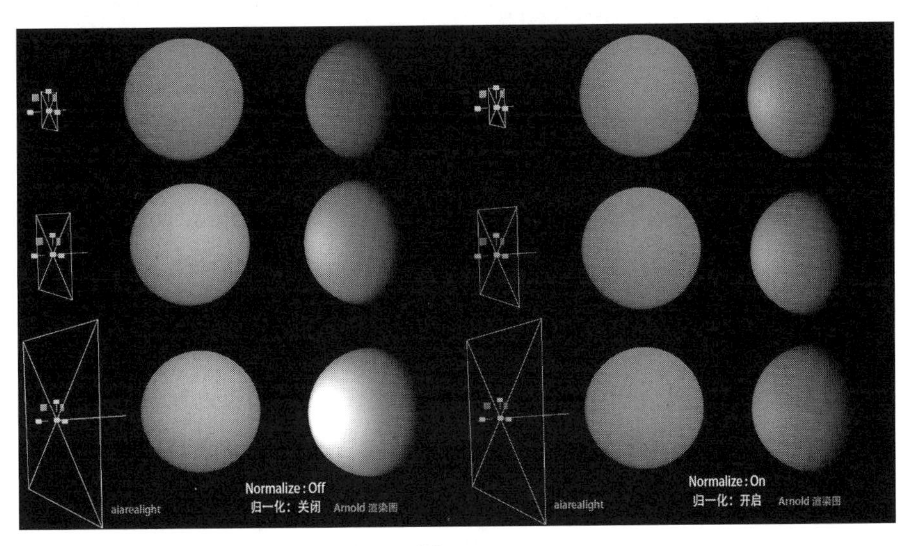


图 4-33

## 2. 物体光源

物体光源(Meshlight)是 Arnold 渲染和光照系统的重要改进,既不同于物体自发光,也不同于独立光源,该光源融合了物体和光源,借用了物体实体以承载光源属性,它为 CG 艺术家提供了很大的自由创作空间,增加了创作自由度,只是物体光源和自发光在渲染时的速度明显较其他光源要慢。让物体成为光源还是赋予自发光材质,这取决于需要发光的程度,如果只是表明自身的发光特征,对周围环境影响很弱,贴上自发光材质即可。

物体光源的设置需要先选定目标物体模型，然后在该物体的属性编辑器的第二栏(……shape)，找到“Anorld—Anorld Translator”，物体的默认模式是 polymesh，改设为 meshlight，物体即成为光源，“Light Visible”如果勾选，则该物体光源显示在渲染图中，如果不勾选，则该光源只发光，不现形。如果发光强度较大，Meshlight 会显示出纯白色，失去了光源色彩，甚至会过爆，和光线混合在一起。这时可以不显示物体光源本身，预先复制该物体并赋予自发光材质，这样可以既发强光又有色彩信息。图 4 - 36 中的圆环发光体就是自发光和 Meshlight 的复合体，自发光表现发光物体信息，Meshlight 只承担发出光照。Meshlight 的 Color 纹理可以导入 Ramp 程序纹理，以增加光源光照的真实度和丰富度，在 Ramp 中设置不同的光线色彩并将渐变模式设为 Circular Ramp 或 VRamp、URamp(见图 4 - 34、图 4 - 35、图 4 - 36)。

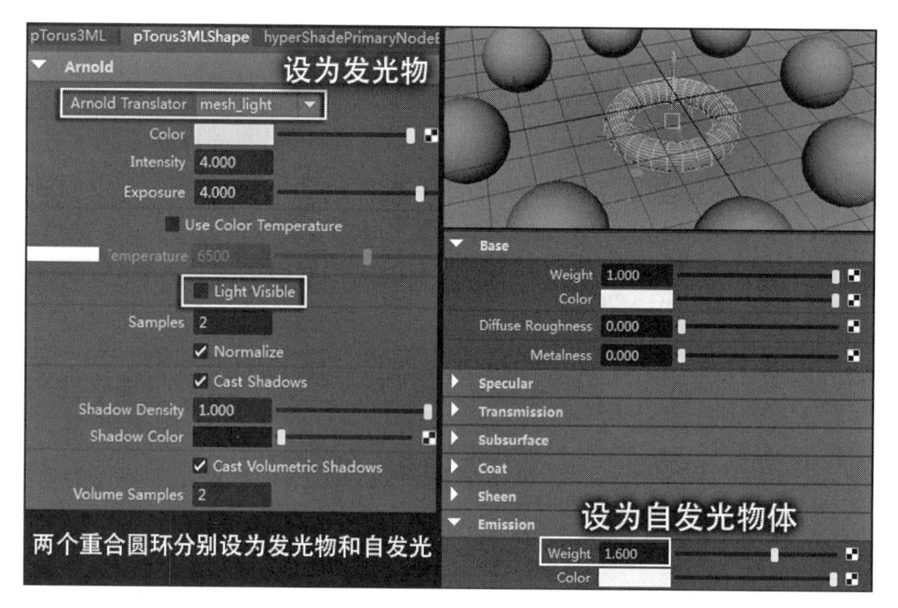


图 4 - 34

图 4 - 35

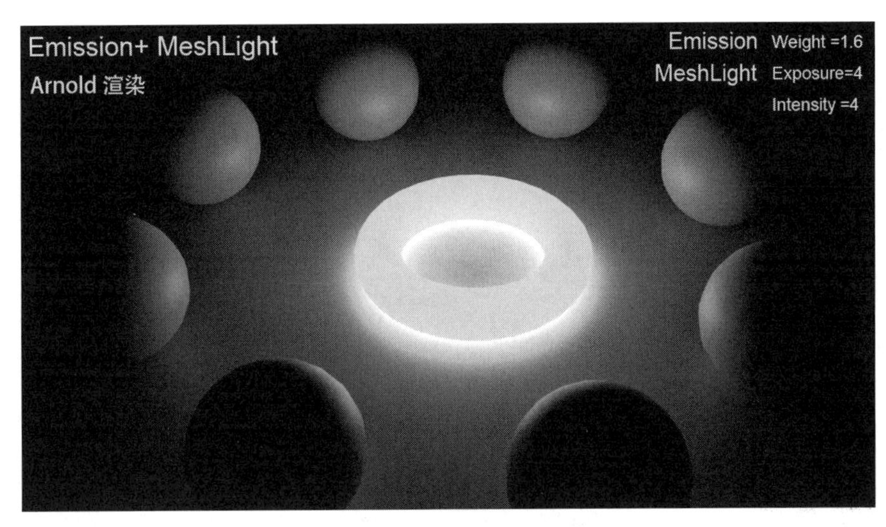


图 4-36

### 3. 光度光源

光域网是室内灯光设计的专业名词，是一种关于光源亮度分布的三维表现形式，表示光线在一定空间内发散形成的特殊光照效果。不同灯发射的光线在空气中的传播路径不同，尤其是室内射灯，射灯光线所呈现出来的不同形状就是光域网造成的，生产厂家对每个灯都指定了不同的光域网，光域网存储于 IES 文件中。

在光度光源属性(PhotometricLight Attributes)栏中的文件格，必须导入特定的 IES 文件，才会有特定光域的光照效果。这类光源最早在 20 年前的 LightScape 软件中便已运用，也是达到物理真实级别光照的必备条件，后来，LightScape 被 Autodesk 兼并，MAYA 软件中也出现了光域网光源。该光源是获得真实室内光照渲染的重要工具，尤其是墙壁上被射灯照亮的渲染，需要光域网提供真实性。使用这类光源会出现更多的噪点，需要更高的取样值降噪，Arnold"渲染设置—Sampling—Camera(AA)"的数值几乎需要 5，才能获得较为细腻的渲染，这大大增加了渲染时间(见图 4-37)。

该光源的参数除了标配的颜色和强度(Intensity + Exposure)，Radius 也需要调节，该参数主控阴影的模糊程度，阴影模糊效果比较真实，但只能在 0—3 之间调节，负数无法输入，超过 3(有些光域网是 4)，物体自身就被排除出光照范围。该光源的光域边缘也是非常模糊虚化的，没有参数可以调节光域轮廓(见图 4-38)。

### 4. 天空球光源

天空球光源(SkyDomeLight)是一个应用广泛的光源，可以在很多场合中作为辅助光源使用，比如作为空间环境中无处不在的天空光，设置为淡蓝色，强度设置可以弱，给渲染画面提供暗部区域的部分细节，不至于让暗部死黑一片。该光源不适合当作主光源，除非是特别的表现意图，因为无边无际、无方向的光线导致物体没有了体积感和光影效果。当然，如果结合 HDRI，那就有了光照的方向和强弱，也有了背景和反射内容，表现力就完全

图 4 - 37

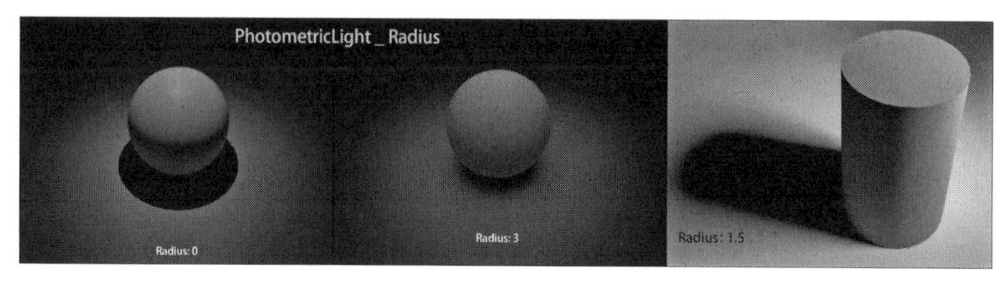


图 4 - 38

不同了。

SkyDomeLight 的参数有标配的 Color 和 Intensity、Exposure，点击 Color 的纹理图标，可以导入图片或 HDRI，如果设置颜色，就没必要勾选“Use Color Temperature”，如果使用色温照明，可使用“Temperature”调节光照色温，暖色光的色温在 3 300 K 以下，暖色光与白炽灯相近，2 000 K 左右色温类似烛光，适用于家庭空间，中性色光的色温在 3 300 K—5 000 K，适用于办公和商业空间，冷色光的色温在 5 000 K 以上，接近自然光，适用于大型公共空间。Intensity 和 Exposure 可以使用相同数值共同调节光照强度。

分辨率(Resolution)控制 SkyDomeLight 的光照精度，如果 Color 栏使用贴图，可以适度提高该分辨率的数值，这会导致渲染时间增加。格式(Format)是指连接的贴图类型，默认的常用设置为“经度纬度”(latlong)，另外两个是镜像球(Mirrored Ball)和角度(Angular)。采样数(samples)默认为 1，可略微提高以增加渲染精度。门窗模式(portal_ mode)定义SkyDomeLight与灯光入口交互的方式,选项"Off"表示关闭入口,默认选项"interior_only"表示阻挡入口外的任何灯光,阻挡入口外的灯光可有效地降低内部场景的噪波,"interior_exterior"允许入口外的灯光通过,构建内部和外部混合场景。在Visibility栏目下,"camera"表示在默认情况下,SkyDomeLight作为背景直接在渲染图中可见,显示为明亮光色,该数值为0可使背景在渲染图中变全黑,但在PS中是透明图层,方便在PS中后期处理。"Transmission"及以下参数默认值为1,控制对应通道的光照影响程度,不建议调节改变(见图4-39)。

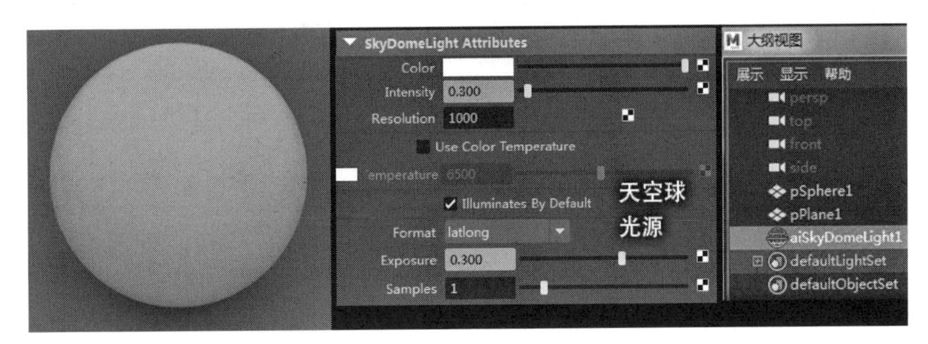


图4-39

### 5. 门窗光源

门窗光源(PortalLight)是一个特殊光照,是为了克服室外光照与室内空间照明之间的矛盾而开发的,如果空间的门窗开口很小、很有限,照射入室内空间的光线总量会很少,就会导致Arnold渲染出现很多噪点,增加室内辅助光照又会让光影关系混乱,影响光照真实性。该光源是辅助室内GI的长方形Area Light,像一盏虚拟的窗户,可以配合天光(SkyDomeLight)在特定入口让天光集中进入室内空间,有效地降噪,但该光源并不局限在室内空间使用。

该光源可以理解成天空光的二传手,在它的属性编辑栏中,没有光照相关的参数可调节,只有位置相关参数,关于它的有效调节只有位置和长方形大小,如图4-40、图4-41

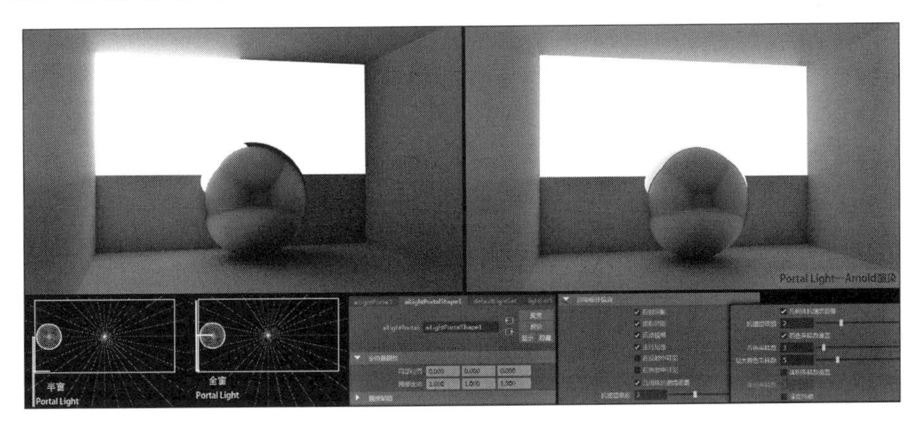


图4-40

图 4－41

所示，移动该长方形光源的位置就是移动了发光位置。改变其长方形大小会改变光照强度，长方形越小，则光照越弱，调节 PortalLight 的光能量来源方 SkyDomeLight 的光照强度，则等同于调节 PortalLight 的光强度。

在使用 PortalLight 后，如果把 SkyDomeLight 的 Portal mode 设置为“interior_only”，则 PortalLight 全面接管 SkyDomeLight 的光能，SkyDomeLight 不会在环境空间内投射光线，而且，即使在开放式空间，PortalLight 也会如同一盏 aiAreaLight 行使功能，PortalLight 此时无需设置在窗户门洞处。如果 Portal mode 设置为“interior_exterior”或“Off”，PortalLight 事实上已经失去作用，空间光照完全受控于 SkyDomeLight，这时需要调低 SkyDomeLight 的光照强度(见图 4－42)。

图 4－42

### 6. 物理天空光源

物理天空光源(Physical SkyDomeLight)是基于天空球光源开发的，可以视为天空球光源的升级版，它兼具天空光和太阳光两种光源，还加入了多个调节参数，如太阳高度、照射角度、大小、强度、颜色等，甚至还有地面色彩和空气折射率，该光源为晴天光照模式的设定带来很大的便利。

(1) Turbidity：模拟大气混浊程度。数值越大，天空颜色越灰暗，阳光在大气的弥散度越大。数值越小,天空越蓝。

(2) Ground Albedo:模拟地表对天空的漫反射。数值越大,靠近地面的天空越白越亮。

(3) Elevation:模拟太阳高度,同时控制天光色温和亮度,即太阳高度降低后,其色温会跟随降低并变暗。0 表示太阳处于地平线,1 表示位于正上方。

(4) Azimuth:控制水平方向的旋转角度,用于取景。

(5) Intensity:控制整体天光的亮度。

(6) Sky Tint:控制天空颜色,也可导入贴图。

(7) Sun Tint:控制太阳颜色。

(8) Sun Size:调节太阳的大小显示(见图 4-43)。

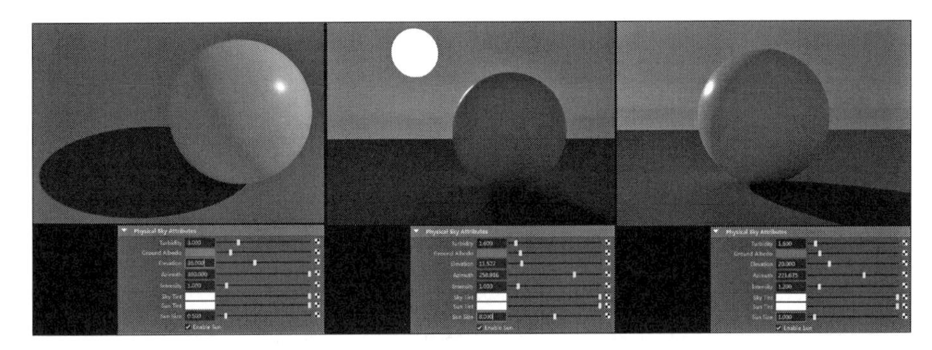

图 4-43

# 第五章

# Arnold 渲染

## 第一节　渲染的光学原理

### 1. 渲染与人眼视觉

要深入理解 Arnold 的渲染原理，需要真正理解基于物理的渲染，而这又需要了解真实世界中的光、材质、人眼三者之间的交互原理。我们在现实生活中看到某一物体的颜色其实并不是这个物体本身的真实颜色，而是其反射和散射得到的颜色。那些不能被物体吸收(absorb)的颜色，即被反射或散射到人眼中的可见光波长代表的颜色，就是我们能够感知到的物体的颜色。例如，苹果的表面主要反射和散射红色光线，只有红色的波长能从苹果表面散射或反射回来，其他部分则被吸收，转化为其他形式的能量，被反射或散射的光线进入人眼后，首先穿过角膜，然后进入瞳孔，随后光被晶状体折射并撞击视网膜中的视锥细胞(cones)和视杆细胞(rods)。这些感光细胞从视野范围内吸收光子，然后经一系列特殊复杂的生物化学通路，根据光线中的不同的波长产生不同颜色的视觉信号，波长高的光偏红，波长低的光偏蓝。视觉信号通过视神经传递到视觉皮层(visual cortex)，视觉皮层作为处理视觉信号的大脑区域，用于产生最终的感知图像。上述负责整体人类视觉功能的完整系统被称为人类视觉系统。只有可见光才能被人眼感知并处理，而可见光仅覆盖完整电磁波谱在400nm—700nm 之间非常有限的光谱区间。

### 2. 渲染与物理光学

波动光学(wave optics)又称物理光学(physical optics)。在波动光学中，光被建模为一种电磁横波(transverse wave)，即使电场和磁场垂直于其传播方向振荡的波。电场和磁场矢量以 90 度相互振荡并同时向传播方向振荡。它既是单色的(具有单一波长 $\lambda$)，又是线性极化的，电场和磁场各自沿单向振荡。光波的磁场和电场的振荡相互耦合，且磁场矢量和电场矢量相互垂直，两者长度之比固定，该比率等于相速度(Phase Velocity)。当光传播到两种不同介质交界处时，原始光波和新的光波的相速度的比率定义了介质的光学性质，这就是折射率(Index Of Refraction, IOR)，用字母 n 表示。

除了代表光的相速度的实部 n 之外，还用希腊字母 $\kappa$ 表示介质将光能转为其他形式能量的吸收性。n 和 $\kappa$ 通常都随波长而变化，两者组合成复数 $n+i\kappa$，称为复折射率(complex index of refraction)。也就是说，折射率 IOR 是一个复数，分为实部和虚部两部分。折射率的实部度量了物质如何影响光速，即相对于光在真空中传播速度减慢的度量。折射率的虚部确定了光在传播时是否被吸收，转换成其他形式的能量，通常是热能。非吸收性介质的虚部为零，其中，特定材质对光的选择性吸收是因为所选择的光波频率与该材质原子中的电子振动的频率相匹配，由于不同的原子和分子具有不同的固有振动频率，其将选择性地吸收不同频率的可见光。光的吸收对视觉效果有直接影响，因为会降低光的强度，并且对某些可见波长的吸收如果具有选择性，也会改变光的颜色。

光在表面的折射条件是需要在小于单一波长的距离内发生折射率的突然变化，而且折射率缓慢的逐渐变化不会导致光线的分离，只是导致其传播路径的弯曲。当空气密度随温度而变化时，通常可以看到这种效果，如海市蜃楼和热形变现象。

光与物质之间的两种相互作用模式为散射(scattering)和吸收(absorption)。散射决定介质的浑浊程度，大多数情况下，固体和液体介质中的颗粒都比光的波长更大，并且倾向于均匀地散射所有可见波长的光，高散射会产生不透明的外观。吸收决定材质的外观颜色。几乎任何材质的外观颜色通常都是由其吸收的波长相关性引起的。每种介质的外观是散射和吸收两种现象的综合结果，材质外观取决于散射和吸收两个属性，除了折射的光线，材质的外观还与反射有关，所以，可以理解为材质的最终外观由镜面反射以及物质对折射光线的吸收和散射的特性组合综合决定。

散射和吸收都与观察尺度有关。在小场景中不产生任何明显散射的介质，在较大尺度上可能具有非常明显的散射。例如，当观察房间中的一杯水时，空气中的光的散射和光在水中的吸收都是不可见的。但是，在宽阔的环境中，两种效果都很重要。

### 3. 渲染与几何光学

当一束光线入射到物体表面时，光与物体表面便产生了交互关系。由于物体表面与空气两种介质之间折射率的快速切换，光线会发生反射(reflection)和折射(refraction)现象。

光线在两种介质交界处的直接反射被称为镜面反射(specular)，金属的镜面反射颜色为三通道的彩色，非金属的镜面反射颜色为单通道的单色。从物体表面折射入介质的光，会发生散射和吸收现象，而介质的整体视觉外观由其散射和吸收特性的组合决定。物体和空气不同折射率的快速切换还会引起散射现象，光的方向会发生改变，分散为很多个方向，但是光的总量或光谱分布不会改变。

散射的类型与观察尺度有关，当观察像素小于散射距离时，散射被视作次表面散射(subsurface scattering)。当观察像素大于散射距离时，散射被视作漫反射(diffuse)。透射(transmission)是入射光经过折射穿过物体后的出射现象，透射是次表面散射的特例。

具有复折射率的物质区域会引起吸收，具体原理是光波频率与该材质原子中的电子振动的频率相匹配。复折射率的虚部(imaginary part)确定了光在传播时是否被吸收而转换成其他形式的能量。发生吸收的介质的光量会随传播的距离而减小，如果吸收优先发生于某些波长，则可能也会改变光的颜色，光的方向不会因为吸收而改变。任何颜色色调通常都是由吸收的波长相关性引起的。

## 第二节 Arnold渲染与PBR理论

### 1. 关于渲染算法

1980年，Turner Whitted在“An improved illumination model for shaded display”(《改进的材质显示光照模型》)一文中首次使用ray tracing来计算反射、折射等全局效果。而Ray这个概念可以回溯到1968年Arthur Appel的“Some techniques for shading machine renderings of solids”(《实体着色机渲染技术》)一文。虽然当时Appel并没有使用ray casting这个词[Ray casting这个名词是Scott Roth在1980年的文章“Ray casting for modeling solids”(《实体建模光线投射》)中首次提出的]，但这篇文章被公认为光线追踪算法的开山之作，他首次把Ray作为一种可计算的方式提出，并使用了“光线可逆”假设，还有shadow ray，这些概念都沿用至今。现在主流的“微表面模型”早在1981年就由Cook和Torrance在他们的文章“A reflectance model for computer graphics”(《计算机图形反射比模型》)中提出。1984年Goral等人提出“辐射度方法”(Radiosity)之后的那几年被称为“Radiosity Years”，这是最早出现的“基于物理”的全局光照方法。2005年前后，在开发《功夫世界》的时候，用了Progressive Radiosity算法来生成Light Map，当时就觉得非常震撼。Radiosity方法基于热能传递(thermal transfer)的思想，这与后来基于辐射度量学(Radiometry)的方法相比，明显是有点绕远了。就在那几年，另外一批人沿着光线追踪的路子进行研究。1986年James Kajiya发表了他的著名文章“The rendering equation”(《渲染方程》)，现在被奉为经典(Gold Standard for Rendering)。

不过，当时对此颇有质疑，首先是这个方法的计算量巨大：渲染两个球的简单场景，256×256像素，在当时价值28万美元的IBM 4341机器上需要运行7个小时。其次，蒙特卡洛方法的噪点问题在当时似乎很难解决。所以，当时“渲染方程”这个路子并不像当时热门的Radiosity方法那样吸引人。对于一些复杂的高维定积分，在图形学中通常使用蒙特卡洛算法或方法，这是渲染器中最重要的计算方法，当前没有任何一款渲染器能够离开蒙特卡洛算法。蒙特卡洛本是一个地中海城市的名字，是知名的赌城，用这个名字是代表随机的意思。蒙特卡洛算法是对一类随机算法的特性的概括，也称统计模拟方法，是一种以概率统计理论为指导的一类非常重要的数值计算方法，在蒙特卡洛算法中，采样越多，越近似最优解。假设需要对f(x) f(x)在[a,b][a,b]区间内进行积分：F = ∫ b a f(x) dx F = ∫abf(x)dx，可以使用蒙特卡洛公式来求出它近似的数值解：F N = 1N ∑ i = 1 N f(X i)pdf(X i)FN = 1N∑i = 1Nf(Xi)pdf(Xi)。这个公式的意思是：在指定的范围内随机取 N 个值，并计算出相应的 f(x) f(x)值，这些值的平均值就是对理想积分的一个近似数值解，pdf 即 probability distribution function（概率分布函数）。蒙特卡洛积分的一个焦点就是所谓的“采样”(sampling)。对于渲染方程，我们能计算的入射光的数量是有限的，所以，计算结果和理想积分值会有偏差，会产生渲染图中的噪点。

在 20 世纪 90 年代，有一批人开始沿着蒙特卡洛的路子不断推进，整个过程是渐进的，包括将经典的 Phong Reflection Model 修改为“能量守恒”方式、蒙特卡洛方法计算直接光照、BRDF 重要性采样等。1997 年 Veach 的“multiple importance sampling”(多重重要性采样)是一个关键性进展。在 2001 年的 SIGGRAPH 大会上，有一个 State of the Art in Monte Carlo Ray Tracing for Realistic Image Synthesis(关于蒙特卡洛光线追踪的真实感图形合成艺术讨论)的讲座，Marcos Fajardo 在这个讲座上展示了 Arnold 渲染器早期版本渲染出的图片，后来 PBR 开始流行起来，2010 年以来几乎每年 SIGGRAPH 都有 PBR 相关的讲座。

**2. 基于物理的渲染的发展**

基于物理的渲染(Physically Based Rendering, PBR)这个技术名词最早是由马特·法尔(Matt Pharr)在 *Physically Based Rendering: From Theory To Implementation*(《基于物理的渲染——从理论到实施》)一书中提出的，此书首次出版于 2004 年。在 2014 年，此书的三位作者马特·法尔、格雷戈·汉弗莱斯(Greg Humphreys)和帕特·汉拉汉(Pat Hanrahan)获得了第 19 届奥斯卡金像奖科技成果奖(Scientific and Technical Academy Award)。这本书中提出的技术方案一开始是应用于离线渲染领域，典型的就是迪斯尼公司在《无敌破坏王》(*Wreck-It Ralph*, 2012 年)中的金属工作流(Metallic Workflow)。

在 2006 年的 SIGGRAPH 大会上，纳蒂·霍夫曼(Naty Hoffman)等人进行了一场名为 SIGGRAPH 2006 Course: Physically-Based Reflectance for Games(2006 SIGGRAPH 讲座：游戏中的基于物理的反射比)的专题演讲，当时他还在顽皮狗(Naughty Dog)工作。纳蒂·霍夫曼对于 PBR 进入实时渲染领域十分热心，在 SIGGRAPH 2010 大会上，他再次组织一个关于 PBR 的专场：SIGGRAPH 2010 Course: Physically-Based Shading Models in Film and Game Production(2010 SIGGRAPH 讲座：电影与游戏制作中基于物理的着色模型)。这次演讲引起业界强烈的反响，PBR 成为热门话题。在其后几年中，来自育碧、迪斯尼、皮克斯、Epic Games、Unity、EA 等公司的大佬轮番登场，在 SIGGRAPH 大会介绍他们在电影、动画片、游戏中应用 PBR 技术的进展。对游戏行业影响最大的应该算是布瑞恩·卡里斯(Brian Karis)在 SIGGRAPH 2013 所做的演讲：Real Shading in Unreal Engine 4(虚幻引擎 4 中的真实着色)，UE4 并不是游戏业界第一个使用 PBR 技术的引擎，但是凭借虚幻引擎的影响力，以及后来免费、开源的大力推广，使 PBR 技术在行业内产生了无可替代的影响。

2012—2013 年，PBR 技术正式进入大众的视野，渐渐被电影和游戏业界广泛使用。

究其原因,一方面是因为硬件性能的限制,另一方面则是因为早期的基于物理的渲染模型包含大量复杂而晦涩的物理参数,不利于美术人员的理解和大规模使用。迪斯尼则是这次 PBR 推广的重要推动力。在创作电影《无敌破坏王》期间,迪斯尼动画工作室对基于物理的渲染进行了系统的研究,最终开发出一种新的 BRDF 模型,即迪斯尼原则的 BRDF (Disney Principled BRDF)。随后,迪士尼动画工作室的 Brent Burley 在 SIGGRAPH 2012 上发表了“Physically-based shading at Disney”(《迪斯尼工作室基于物理的着色》)一文,正式提出了迪斯尼原则的 BRDF,由于其高度的通用性,将复杂的材质物理属性用直观的少数变量表达出来,如金属度(metallic)和粗糙度(roughness),在电影业界和游戏业界引起了轰动,奠定了后续游戏和电影行业 PBR 的方向和标准。在 2012 年受到 Disney Principled BRDF 的启发后,主流游戏引擎也都开始从传统的渲染工作流转移到基于物理的渲染工作流。

2012 年,迪斯尼提出,他们的着色渲染是艺术导向(art directable)的,而不一定是完全的物理正确(physically correct),并且对 BRDF 的各项都进行了严谨的调查,提出了清晰、明确且简单的解决方案。当时,迪士尼的理念是开发一种“原则性”的易用模型,而不是严格的物理模型。正因为这种艺术导向的易用性,让数字艺术家用非常直观的少量参数以及非常标准化的工作流,就能快速实现大量材质的逼近真实性的渲染,而这对于传统的着色渲染来说,几乎是不可能完成的任务。在迪斯尼原则的 BRDF 被提出之前,基于物理的渲染都需要大量复杂而不直观的参数,这极大地束缚了艺术家的创作能力和热情,也让渲染的最终结果难以把握与预料,PBR 的优势并没有很好地体现出来。

迪斯尼原则的 BRDF 的核心理念可归纳如下:

(1) 应使用直观的参数,而不是物理类的晦涩参数。

(2) 参数应尽可能少。

(3) 参数在其合理范围内应该为 0—1。

(4) 允许参数在有意义时超出正常的合理范围。

(5) 所有参数组合应尽可能健壮和合理。

从本质上而言,Disney Principled BRDF 模型是金属和非金属的混合型模型,最终结果是基于金属度在金属 BRDF 和非金属 BRDF 之间进行线性插值。正因为这套新的渲染理念统一了金属和非金属的材质表述,可以仅通过少量的参数来涵盖自然界中绝大多数的材质,并可以得到非常逼真的渲染品质。也正因如此,在 PBR 的金属/粗糙度工作流中,固有色(baseColor)贴图才会同时包含金属和非金属的材质数据:金属的反射率值和非金属的漫反射颜色。

以上述理念为基础,迪斯尼动画工作室斟酌出 PBR 的 11 个标量色彩参数:

(1) baseColor(固有色):表面颜色,通常由纹理贴图提供。

(2) roughness(粗糙度):表面粗糙度,控制漫反射和镜面反射。

(3) metallic(金属度):金属(0=电介质,1=金属)。这是两种不同模型之间的线性混合。金属模型没有漫反射成分，并且还具有等于基础色的着色入射镜面反射。

（4）specular（镜面反射强度）：入射镜面反射量。用于取代折射率。

（5）specularTint（镜面反射颜色）：用于对基础色（basecolor）的入射镜面反射进行颜色控制。掠射镜面反射仍然是非彩色的。

（6）subsurface（次表面）：使用次表面近似控制漫反射形状。

（7）anisotropic（各向异性强度）：用于控制镜面反射高光的纵横比。

（8）sheen（光泽度）：一种额外的掠射分量（grazing component），主要用于布料。

（9）sheenTint（光泽颜色）：对 sheen（光泽度）的颜色控制。

（10）clearcoat（清漆强度）：有特殊用途的第二个镜面波瓣（specular lobe）。

（11）clearcoatGloss（清漆光泽度）：控制透明涂层光泽度。

在 2013 年上映的动画电影《冰雪奇缘》中，迪斯尼继续沿用了之前开发的 Disney Principled BRDF 基于物理的着色系统，但对于折射和次表面散射等效果而言，需要与 BRDF 分开计算，且间接光照使用点云（point clouds）进行了近似。从 2014 年的《超能陆战队》（*Big Hero 6*）开始，迪斯尼开始采用路径追踪全局光照（path-traced global illumination）进行新电影的制作。原来的 BRDF 模型已经无法满足需求，于是，迪斯尼在之前的 Disney Principled BRDF 的基础上进行了改进，新开发出 Disney BSDF，并在 SIGGPRAPH 2015 上，通过"Extending the Disney BRDF to a BSDF with integrated subsurface scattering"（《以集成次表面散射扩展迪斯尼 BRDF 至 BSDF》）一文正式提出。

**3. PBR 相关概念**

PBR 对于现代 3D 引擎十分重要，它使得实时渲染突破了被诟病的"塑料感"，更重要的是，它使我们可以把材质与光照解耦，也就是说，一个 PBR 材质在不同的光照环境下都应该得到正确的渲染结果。这让 3D 艺术家可以更方便地调节对象的材质，并使得材质更具备通用性。寒霜（Frostbite）引擎在 SIGGRAPH 2014 的论文"Moving Frostbite to PBR"（《从寒霜引擎到基于物理的渲染》）中提出，基于物理的渲染的范畴由三部分组成：基于物理的材质（Material）、基于物理的光照（Lighting）、基于物理适配的摄像机（Camera）。这三者完整，才是真正完整的基于物理的渲染系统。

PBR 并不是一项技术，它是一系列技术的集合。从原理到实现方案，整体来看是很复杂的，把每一项技术串起来的这根线就是渲染方程。James T. Kajiya 在 SIGGRAPH 1986 发表的论文"The Rendering Equation"（《渲染方程》）中提出了这个概念。文章首先高屋建瓴地从辐射度量学的角度，用一个方程描述光在场景中的转播，作者给出了这个方程，并且提出了使用蒙特卡洛方法求它的数值解的思路，将其命名为"Path Tracing"，后面的发展方向基本上是以这个方程为出发点。

现实世界的物质可分为三大类：绝缘体（insulators），半导体（semi-conductors）和导体（conductors）。在渲染和游戏领域主要关注导体（金属）和绝缘体（电解质，非金属）。光线照射到物体表面后会发生反射或折射。从表面反射出的光的行为很好理解，那么，从表

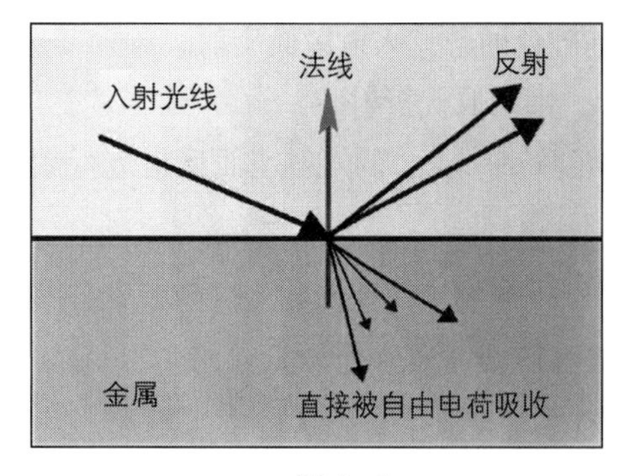


图 5-1

面折射的光会发生什么变化？这取决于对象本身的特性，折射后的光线被吸收转化为热或离散，光线被吸收的行为不是发生在表面，而是次表面，或者内部反射不会带出任何颜色。吸收会使光线强度降低，吸收某一光谱的光线，余下的光线颜色变化，但方向不变，离散后方向改变，强度不变（见图 5-1）。

绝缘体和导体与光的交互是完全不同的，绝缘体（非金属）的反射率普遍很低，一般在 0%—20%，折射后的大部分光线或者被吸收，或者离散出来。导体（金属）的反射率普遍很高，达到 70%—100%，大部分光线会以镜面反射的形式反弹回来，小部分光线折射后被金属的自由点在极速吸收（光作为一种粒子被导体吸收），因此，不会产生漫反射和次表面散射，金属表面在只考虑直接光源的环境下通常会看起来很暗，就因为它们几乎没有漫反射，如果把环境的镜面反射环境照明考虑在内看起来会更加真实。非金属的离散后光线的颜色也受物体表面颜色的影响，其反射是没有色彩影响的。金属的反射光在可见光谱上会发生变化，在日常生活中看到的黄金、黄铜等吸收了可见光谱的高频蓝色频段，因而显示为金黄色，被金属材质折射的光线吸收率还和材质的明度有关，暗的吸收多，亮的吸收少（见图 5-2）。

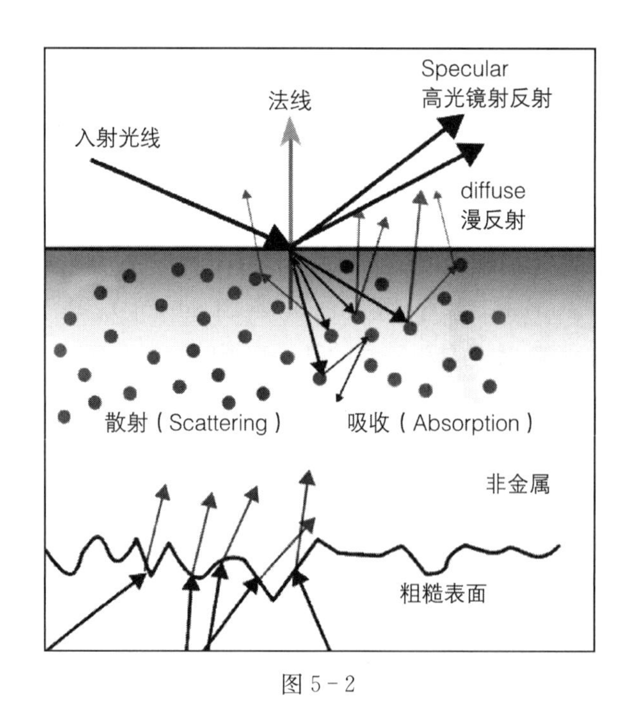


图 5-2

渲染方程作为渲染领域中的重要理论，描述了光能在场景中的流动，是渲染的抽象化方程式表示。根据光学的物理学原理，渲染方程在数学公式上给出接近完美的结果，各种渲染技术都是一个理想结果的近似。

双向散射分布函数 BSDF(Bidirectional Scattering Distribution Function)是一个统称，由 Bartell、Dereniak 在 1980 年提出，首先被 Paul S. Heckbert 使用。一般包括 BRDF(反射)和 BTDF(透射)，有些还有 BDDF(衍射)，反映了不同方向的光线散射强度。由于物体表面上有凹凸不平的微小表面，一道入射光线射到表面而产生散射现象，用 BSDF 来表示这种散射现象，双向(Bidirectional)是指入射光与接受散射光的方向，因不同的入射光角度所产生的散射性质也不相同。照射一个物体表面的光线会分成五个部分：镜面反射、折射、BTDF、BRDF 以及吸收的部分(见图 5－3)。

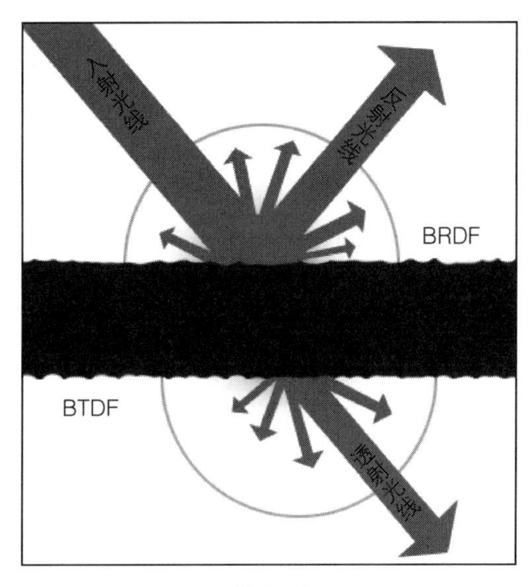


图 5－3

BxDF 一般是对 BRDF、BTDF、BSDF、BSSRDF 等几种双向分布函数的统一表示，其中，BSDF 可以看作 BRDF 和 BTDF 更一般的形式，而且 BSDF＝BRDF＋BTDF，BRDF 最为简单也最为常用。BRDF 双向反射分布函数(Bidirectional Reflectance Distribution Function)是建立在光学物理与计算机图形学的基础上用于描述光反射现象的数学模型，这个概念由 Fred E. Nicodemus 于 1965 年提出。BRDF 是描述入射光线经过某个表面反射后在各个出射方向上分布的四维实值函数。在光学物理中，BRDF 模型通过积分的形式来描述物体上一无穷小点对入射光线的吸收和反射情况。因为游戏和电影中的大多数物体都是不透明的，用 BRDF 就足够，而 BSDF、BTDF、BSSRDF 往往更多用于半透明材质和次表面散射材质。游戏行业的虚幻引擎软件(UE4)在 PBR 材质系统中引入了各种 BRDF 理论模型，尽量逼近模拟自然界的物理现象。

#### 4. PBR 相关理论

PBR 渲染的是一个像素内光照反射和折射后的信息比值，是基于物理平衡的真实渲染，以下理论构成了 PBR 渲染的理论体系：微平面理论（Microfacet Theory）、能量守恒（Energy Conservation）、菲涅尔反射（Fresnel Reflectance）、次表面散射（Subsurface Scattering）、线性空间（Linear Space）、物质的光学特性（Substance Optical Properties）。通过将复杂的物理过程以算法进行运算，PBR 最终具备了赋予像素正确颜色的能力。在漫长的计算机图形学进化中，PBR 所做的工作都是对算法模型的整体改进，相对而言，传统的做法往往集中在某个特定的针对性领域，如阴影、像素等，并不能解决所有问题。PBR 除了为整个渲染过程搭建整合的框架，令更多像素细节能够有机会在改进算法模型作用下呈现更正确的颜色之外，最重要的改进还在于建立了更加完备的、分辨率更高同时能够与 PBR 渲染更正确互动的材质库。

微平面理论是构成整个理论体系的基础，源自将微观几何（microgeometry）建模为微平面的集合的思想，该理论将物体表面想象成是由无数个微观且有随机朝向的理想镜面的微平面（microfacet）构成。在 PBR 运算中，这种物体表面的不规则性用粗糙度贴图或高光度贴图来表示。微表面的细节对于任何材质而言都是非常重要的特质，就像真实世界中就有着各种各样的微表面。微表面的细节（如粗糙度）对光照的反射具有很大影响，在 PBR 中占据重要位置。微观几何的效果是在表面上的不同点处改变微平面的法线，从而改变反射和折射的光方向。由于假设微观几何尺度明显大于可见光波长，因此，可以将每个表面点视为光学平坦的，光学平坦表面将光线分成两个方向：反射和折射。每个表面点将来自给定进入方向的光反射到单个出射方向，该方向取决于微观几何法线（microgeometry normal）的方向。出于着色的目的，用统计方法处理这种表面具有微观结构法线的随机分布，并将宏观表面视为在每个点处多个方向上反射和折射光的集合。在微观尺度上，表面越粗糙，反射越模糊；表面越光滑，反射越集中。微观尺度看，表面越粗糙，反射越模糊，因为表面取向与整个宏观表面取向的偏离更强。宏观上看，非光学平面可以被视为在多个方向上反射和折射光（见图 5 - 4）。

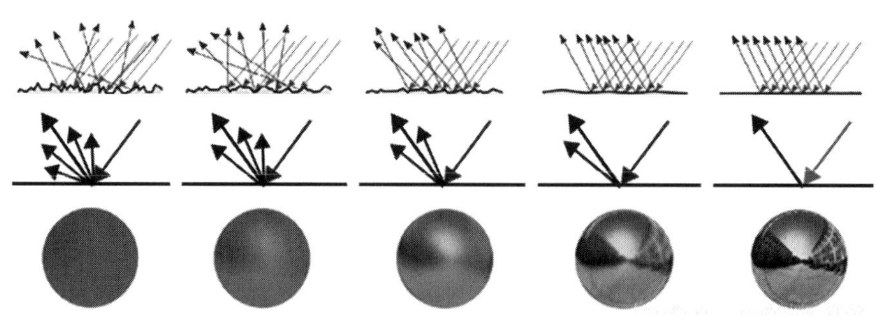

图 5 - 4

能量守恒定律是 PBR 渲染方程的物理基础，这里的能量守恒是指射出光线的能量永远不能超过射入光线的能量。传统物理学上，能量守恒定律表明，在封闭的系统中，能量不会凭空出现或消失，只会从一种形式转成另外一种形式，能量的总量保持不变。现代物理学上，由于质量和能量可以相互转化，能量守恒扩展到能量和质量的总和保持不变。随着粗糙度的上升，镜面反射区域的面积会增加，作为平衡，镜面反射区域的平均亮度则会下降。随着物体曲面金属特性增强而使镜面反射层贡献增加，漫反射层贡献会随之减小以确保能量守恒。在一个特定的位置和方向，射出光线是自发光 Le 与反射光线之和，反射光线本身是各个方向的入射光 Li 之和乘以表面反射率及入射角。这个方程将射出光线与射入光线联系在一起，代表了各种场景中的光线现象，其他光照算法都可以看作是这个方程的特殊形式。

菲涅尔效应(Fresnel effect)作为基于物理的渲染理念中的核心理念之一，表示的是看到的光线的反射率与视角相关的现象，由法国物理学家奥古斯丁·菲涅尔率先发现。其具体表现是在掠射角(与法线呈接近 90 度)下光的反射率会增加，该反射率便被称为菲涅尔反射率，万物皆有菲涅尔反射现象。简单来说，菲涅尔效应即描述视线垂直于表面时反射较弱，而当视线非垂直于表面时，夹角越小，反射越明显的一种现象。如果水质够清晰，当你垂直地看水面时，是看不到自己的脸的，只能看到水底。而当你的目光和水面接近水平时，就看不到水底，反而可以看到岸上树的倒影(见图 5-5)。

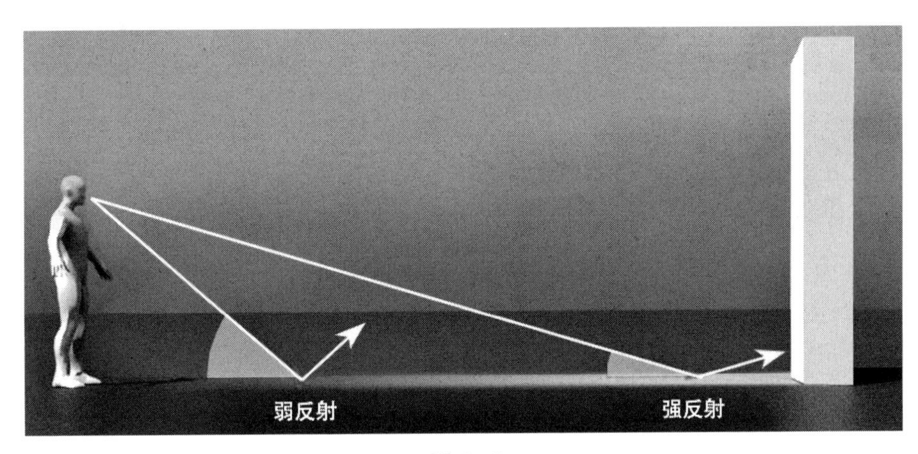


图 5-5

我们在宏观层面看到的菲涅尔效应实际上是微观层面微平面菲涅尔效应的平均值，也就是说，影响菲涅尔效应的关键参数在于每个微平面的法向量和入射光线的角度，而不是宏观平面的法向量和入射光线的角度，即当从接近平行于表面的视线方向进行观察，所有光滑表面都会变成具有 100%的反射性。对于粗糙表面来说，接近平行方向的高光反射也会增强，但达不到 100%的强度。相同的入射角度，不同的物质会有不同的反射率，光的入射角度越大，反射率越高。具有菲涅尔效应的物体，渲染的物体边缘会有明亮反射。F0 表示 0 度角入射的菲涅尔反射值，大多数非金属的 F0 范围是 0.02—0.04，大多数金属的 F0 范围是 0.7—1.0。金属的菲涅尔效应一般很弱，主要是因为导体本身的反射率已经很强。如铝的反射率在所有角度下几乎都保持在 86%以上，随角度变化很小，而绝缘体材质的菲涅尔效应就很明显，比如折射率为 1.5 的玻璃，在表面法向量方向的反射率仅为 4%，但当视线与表面法向量的夹角很大的时候，反射率可以接近 100%，这一现象也导致了金属与非金属外观上的不同。粗糙程度会影响反射光线的集中性，使本该反射到视角的光线改变方向(见图 5-6)。

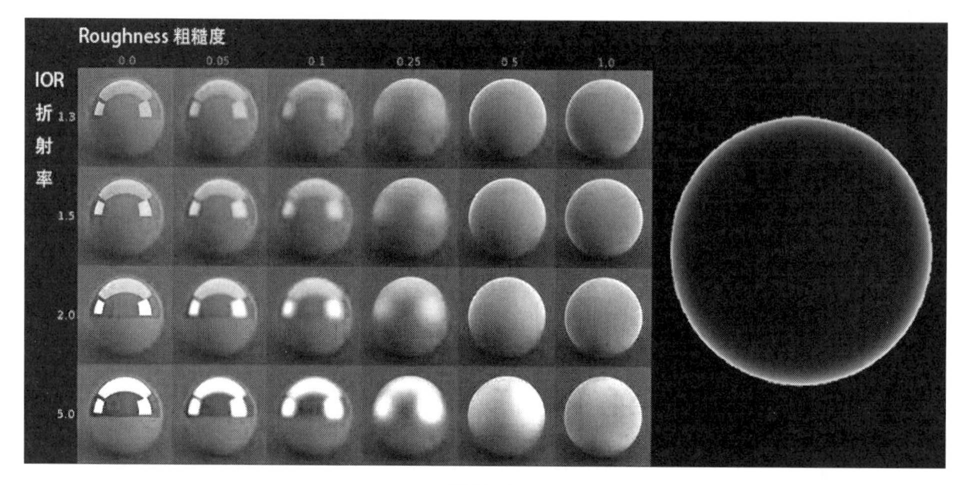


图 5-6

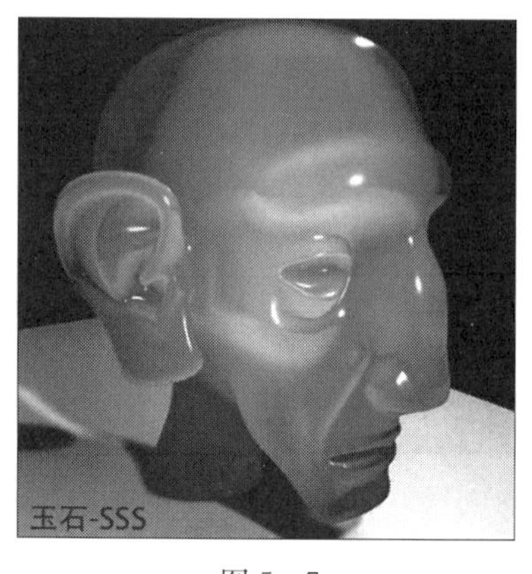


图 5-7

次表面散射简称 SSS，被用来描述光线穿过透明或半透明物体表面时发生散射的光照现象，是指光从表面进入物体经过内部散射，然后又通过物体表面的其他顶点出射的光线传递过程。当光线照射到物体表面上时，光线会以和入射角度相同的反射角度从物体表面反弹出去。并不是所有光都被表面反射出来，通常会有一部分光线进入受照射物体内部，这部分光线会被物体本身吸收并转化为热，或者在物体内进行散射，部分散射的光有可能会通过内部传播最终又反射回表面，再次成为可以观察到的光线，光线脱离物体表面后将会混合构成该表面的漫反射颜色。次表面散射技术显著提升了半透光材质(如皮肤、玉、蜡、树叶、牛奶等)的视觉效果，典型的 SSS，如一根点亮的蜡烛，你会发现在烛光的照耀下，蜡烛靠近火焰的那端显出的渐变半透明效果(见图 5-7)。

5. PBR 和 NPBR 概念

PBR 和以前 Renderman 时代的 NPBR 概念大为不同，NPBR 是针对效果和现象的，比如要做菲涅尔效果，可以用两个工具节点 facing ratio 和 ramp 去模拟视觉效果，不用基于折射率去计算，只要经验足够，确实足够高效，因为节省了计算量，控制很直接，也能自由地做出自己想要的菲涅尔效果，而不管现实是否存在该效果，如果自由度不够了，就去改着色器(shader),总之,NPBR 是不要求物理精度的,一切都是为了最终效果服务,受制于计算机的算力,降低计算量以及增加数字艺术家的高创作自由成为 NPBR 的目标,NPBR 以计算效率和自由度为重。

PBR 概念下的着色器不是去发明新的光照模型,而是直接在引擎提供的 BSDF 基础上改进功能和程序纹理,比如 Arnold 的 BRDF 函数。这导致参数大都有物理意义,而不是和具体算法相关,艺术家不用去研究这个参数在算法里是什么作用,只需要按照现实中的物理逻辑和常识去使用就可以了。因此,艺术家的自由创作空间被限制了,但着色器参数的可预见性和确定性显著提高了,以前测试 20 次出来的效果,可能遵循物理逻辑 3 次就做出来了,节省了艺术创作者的试错时间,毕竟艺术家的时间比电脑的时间要宝贵。

### 6. 无偏差计算

偏差(Biased)计算和无偏差(Unbiased)计算的区别主要表现在对 GI 的计算上。偏差计算是指允许有“系统偏差”。我们知道计算机的数值世界里偏差是必然存在的,但偏差也分两种,一种是随机偏差,另一种是系统偏差。随机偏差是没法避免的,比如用 float 去算 0.1+0.2 它是不等于 0.3 的。而系统偏差是算法决定的。比如用经典物理学去求运动物体的物理属性,不管浮点的精度提高到多少,始终会有偏差,因为算法本身决定了这是一种近似。再比如用 FLIP 去求流体运动,这个算法已经决定了在 particle 和 volume 之间属性传递的时候有偏差,这种偏差产生于算法中,是不可能消除的。

Arnold 采用没有系统偏差的无偏差计算方式。MentalRay 渲染器在计算全局照明(Global Illumination, GI)时采用最终集聚(Final Gather, FG)、光子图(Photon map)等,Renderman 渲染器采用的是阴影贴图(brickmap)、云图(pointcloud)等,这几种方式都巧妙地省去了大量的计算量,但其结果是近似的,即具有系统偏差。比如 MR 是假设了光源发出大量光子,通过光子在物体之间的反复反射碰撞,以获得相关光照和物体信息,然后以取样方式获得近似的计算结果,其最后的模拟效果依赖 GI(全局光照)和 FG(最终集聚),GI 主要处理直接光照,FG 主要处理间接光照。MR 发射有限 FG ray 去计算间接光照,一个 FG point 对应一片像素,插值后应用到光照中,而间接光照本身就是低频的,所以,最终模拟效果看起来和实际效果差不太多,但是这个系统误差也导致动画帧播放时的闪烁,虽然该方法省下了不少计算量,但这一问题对于影视动画制作可不是小问题。Arnold 渲染设置中的“Advanced—lock sampling pattern”就是解决动画闪烁这一问题的,虽然这个选项会明显地降低渲染速度。

总体而言,作为蒙特卡洛算法渲染器,Arnold 是极其简单易用的,通过简单的几个参数设置,就能渲染出接近物理真实的光影效果。相比较其他老牌或新秀渲染器,Arnold 尤其擅长渲染宏大、复杂、动态的场景,比如有极多的面数、极多的毛发,尤其是加上景深和运动模糊效果,更有利于展现 Arnold 的渲染速度和真实度兼具的优势。但 Arnold 也存在一些问题,比如,透明贴图会速度略慢,开启焦散效果会严重影响渲染速度。还有就是室内光照渲染噪点多的问题,噪点多出现在亮部和暗部的过渡区域,当然,可以把渲染设置中的Camera(AA)的数值设置更高，能够让渲染效果更细腻真实，消除噪点，但这是以成倍增加渲染时间为代价的。室内光照的光源区域一般比较小，直接照射到的面积也小，想要照亮整个场景空间，靠的是光线的多次反弹，也就是全局光照渲染。Arnold渲染器的GI只有一种计算方式，就是无偏差计算方式，需要每一个像素采样计算，计算速度缓慢。

7. 渲染器与GPU渲染

渲染器是三维软件的重要组成部分，直接决定了作品的生产效率和产出质量，老牌的大神级渲染器有Renderman、Mental Ray，在国内市场占有率极高的后起之秀有Arnold、Vray。这些渲染器，除了Vray RT版本支持GPU渲染之外，其他都是传统的CPU渲染器。

渲染的过程就是把制作软件里的预览效果变到融合模型、材质、光照的过程，这是CG制作中最重要的一步，关乎最终效果。渲染的难点在于需要用电脑模拟出真实物理世界的光照效果，需要全盘考虑光的直射、反射、散射、漫反射、衍射、干涉、光衰减等光的特性。对光的呈现越充分，计算越复杂，计算量也越大，渲染器的核心算法都是在解决同一个问题，即光的表现问题。对光的不同理解和表现侧重，造就了两种不同的核心算法：扫描线算法(Scanline)和光线追踪算法(Ray Tracing)。

Renderman和Mental Ray两款大神级渲染器分别将扫描线算法和光线追踪算法推向极致。两者都拥有卓越的光线表现能力，在影视级渲染中得到最广泛的应用。Renderman近些年渲染的作品中大家耳熟能详的有《冰雪奇缘》《了不起的盖茨比》《钢铁侠3》《环太平洋》等影片。Mental Ray渲染的影视大片有《终结者2》《黑客帝国2》《蜘蛛侠》等。但这两款渲染器的使用门槛相当高，特别是Renderman，它的使用需要一流的软件技术人员和CG艺术家的合作，尽管后来Renderman也开放免费版本了，但推广难度依然很大。

作为后起之秀的Arnold和Vray，都是基于光线追踪算法开发的。Arnold在保证优秀的渲染品质的同时，在渲染速度、易用性方面远超Renderman和Mental Ray，因而也被大量应用于动画、电影领域。Vray则针对静帧进行了全面优化，是在室内设计方面被市场公认的出图快、效果好的一款渲染器，在中国的建筑表现市场的占有率相当高。值得一提的是MAXWELL Render这款渲染器，它采用建立在灯光的真实物理属性基础上的算法，完全不同于传统的扫描线算法和光线追踪算法，可以产生令人难以置信的照明效果。不过渲染速度慢是MAXWELL Render最大的使用瓶颈。随着GPU渲染时代的到来，上面提到的传统渲染器中，Vray首先针对GPU进行了优化，可以支持GPU渲染，同时，研发人员也开始着手开发一些完全基于GPU加速的渲染器。

2012年推出的REDSHIFT是世界上第一款完全基于GPU加速的、有偏差的渲染器，也是目前市场接受度最高的一款GPU渲染器。在核心算法上，REDSHIFT采用了光线追踪算法，从渲染效果来说，REDSHIFT已经达到GPU渲染的最高水准，可以渲染输出电影级品质的图像。与传统渲染器相比，REDSHIFT 在速度方面的表现也更胜一筹，在同等输出效果下，其速度甚至超过以快著称的 Arnold。

Iray 是 NVIDIA 在收购 Mental Ray 之后，在 Mental Ray 基础上针对 GPU 优化改进的一款渲染器，同样采用光线追踪算法。Iray 的各方面表现相当均衡，且背靠 NVIDIA，可以获得最优先的显卡支持，是当今市场上可以与 REDSHIFT 一较高下的一款 GPU 渲染器。REDSHIFT 和 Iray 都是非常注重用户体验的渲染器代表，在易用性和易学性方面也有着较大的优势。

## 第三节 Arnold 渲染设置

从 2017 年开始，MAYA 软件将其内置渲染器 MentalRay 换为 Anrold，MAYA 的材质、光源、节点、纹理各大模块都新增了 Anrold 专用内容。Anrold 渲染器以其高效、易用和真实获得业界用户的认可。

在渲染之前首先要确认软件已经加载 Arnold 插件，可以点击界面顶端的“渲染设置”按钮，在“使用以下渲染器渲染”一栏点击小三角形，如果在下拉选项中没有出现“Arnold Renderer”，则在首排菜单栏的“窗口—设置/首选项”中选择末排“插件管理器”，在插件管理器尾部找到“mtoa. mll”，勾选该文件后的“已加载”和“自动加载”小方框。下次启动软件时就会自动加载 Arnold 插件(见图 5 - 8)。

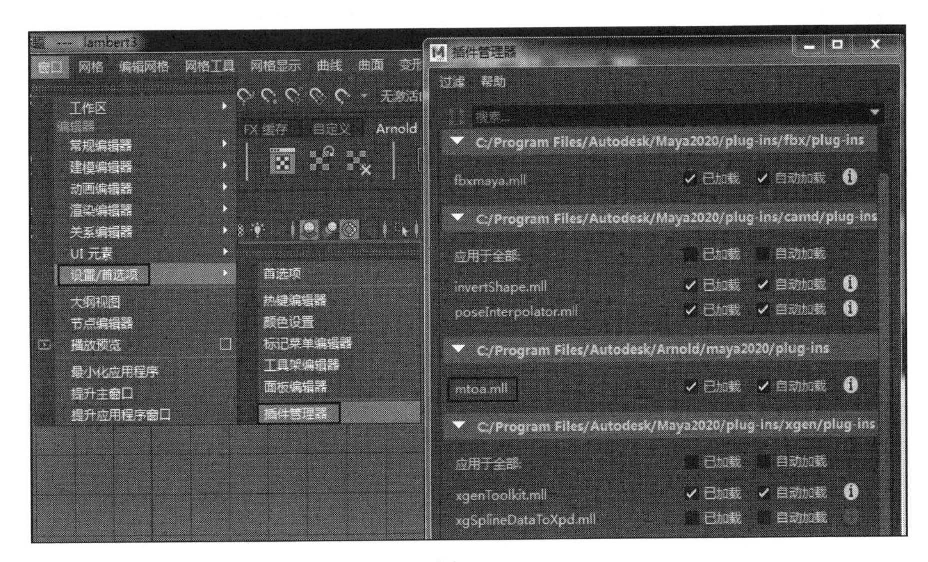


图 5 - 8

Arnold 渲染窗口有两种显示方式，一种是 MAYA 原有的渲染界面，另一种是 Arnold 自带的界面。在 MAYA 自带渲染界面可以选择 MAYA 软件渲染或硬件渲染及向量渲染。在正式渲染前，需要打开渲染设置窗口进行系列参数设置。渲染设置窗口内有两个模块需要设置，一个是“公用”版块内的“图像大小”设置，另一个是“Arnold Render”版块内的“Sampling”参数，主要是 Camera(AA)和 Diffuse、Specular 数值以及“Ray Depth”(光线深度)参数，主要是 Total、Diffuse、Specular 数值。

如果渲染图像是用来打印的，图像大小设置可以先设定长与宽的数值，单位是厘米，根据需要打印的实际尺度设置，分辨率可以设置为 120 像素/英寸或更高，可以满足高精度喷墨打印的需要了。如果图像是用来在屏幕上观看的，就在“图像大小—预设”选项中选择适合的模式，比如 HD1080。但是建议在调整参数时的预渲染阶段不要设置大画幅，设置为能看清的尺寸大小即可(见图 5 - 9)。

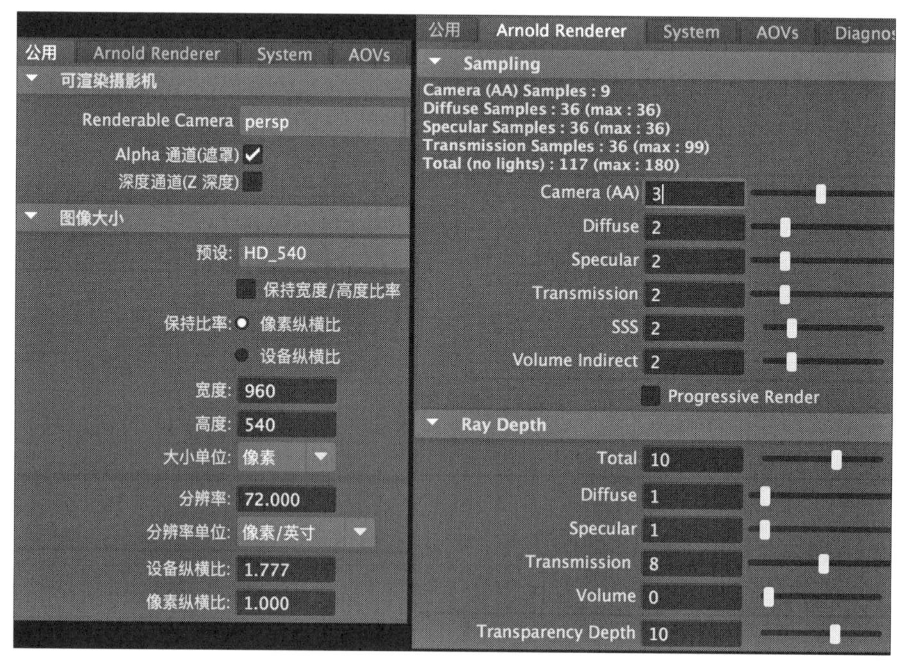


图 5 - 9

Camera(AA)取样值默认是 3，如果需要更细腻的光影效果和更少的噪点，可以设为 4 或 5，但渲染时间会几何级别增加，如果电脑配置有限，可以在预览阶段设置为 2。Diffuse、Specular 取样值的默认数值为 2，如果需要更高质量，可以设置为 3 或 4，户外场景的渲染可以把 Specular 的参数设得较低，室内空间的渲染可以把 Diffuse 的取样值设置得高一些，因为室内空间的光线反射会更复杂些。如果是预览，该参数可以设置为 1。

光线深度是指场景内的光线反射次数，默认数值为 10，那些场景中有玻璃、镜子、SSS 材质的，尤其需要注意该数值，如果光线深度不够，会严重影响透明及高反射物体的渲染效果，但也没必要让数值过大，数值过大并不会明显提升渲染的质量。

Alpha 通道默认是勾选状态，Z 通道默认是关闭的，除非是在后期特效软件做景深效果或雾效，需要表现场景空间深度的 Z 通道数据，否则，没必要开启。

**图书在版编目(CIP)数据**

虚拟空间设计表现：MAYA 技术基础 / 宋颖著. —上海：复旦大学出版社，2022. 11
ISBN 978-7-309-15890-8

Ⅰ. ①虚… Ⅱ. ①宋… Ⅲ. ①三维动画软件-教材 Ⅳ. ①TP391. 41

中国版本图书馆 CIP 数据核字(2021)第 169259 号

**虚拟空间设计表现：MAYA 技术基础**
宋　颖　著
责任编辑/陈　军

复旦大学出版社有限公司出版发行
上海市国权路 579 号　邮编：200433
网址：fupnet@fudanpress. com　http://www. fudanpress. com
门市零售：86-21-65102580　团体订购：86-21-65104505
出版部电话：86-21-65642845
上海四维数字图文有限公司

开本 787 × 1092　1/16　印张 9　字数 191 千
2022 年 11 月第 1 版
2022 年 11 月第 1 版第 1 次印刷

ISBN 978-7-309-15890-8/T · 702
定价：68.00 元